Bibliographic information published by the German National Library:

The German National Library lists this publication in the National Bibliography; detailed bibliographic data are available on the Internet at http://dnb.dnb.de .

Imprint:

Print and binding: Books on Demand GmbH, Norderstedt Germany
ISBN: 978-3-668-04563-7

This book at GRIN:

http://www.grin.com/fr/e-book/306003/influence-du-substrat-sur-les-performances-des-juveniles-et-le-niveau-de

Doha Awohouedji

Influence du substrat sur les performances des juvéniles et le niveau de parasitisme des géniteurs d'Archachatina marginata en élevage contrôlé

GRIN Publishing

République du Bénin

Université d'abomey-Calavi (UAC)

Faculté des Sciences Agronomiques (FSA)

École doctorale de la faculté des Sciences Agronomiques

Option **: Management Des Ressources Animales**

Influence du substrat sur les performances des juvéniles et le niveau de parasitisme des géniteurs d'*Archachatina marginata* en élevage contrôlé

Mémoire Présenté et soutenu

Pour l'obtention du Diplôme d'Études Approfondies (DEA) par

Ir. Doha Yétongnon G. Awohouédji le 21 janvier 2010

Année académique 2007 – 2008

DEDICACE

A toute la famille Awohouédji et particulièrement à mes parents, Darius C. Awohouédji et Séraphine Dossou qui m'ont toujours encouragé, soutenu et payé mes études.

REMERCIEMENTS

Quels que soient nos qualités ou nos talents, nous avons toujours besoin de l'appui de Dieu qui utilise nos semblables pour traduire nos rêves en réalité. Merci Seigneur Jésus pour ce mémoire rédigé. Sois en glorifié.

Ce rapport a pu voir le jour grâce a la détermination d'hommes et de femmes qui n'ont ménagé aucun effort pour contribuer à son heureux aboutissement. Vous êtes nombreux à nous apporter votre assistance technique et financière. Certes, nous ne pouvons pas vous citer tous ici, car la liste est trop longue. Que toutes ces personnes reçoivent ici nos profondes gratitudes.

Nous tenons particulièrement à témoigner tous nos sincères remerciements :

- A notre Directeur de mémoire Pr. Hounzangbé Adoté Sylvie, Enseignant-Chercheur à la Faculté des Sciences Agronomiques de l'Université d'Abomey-Calavi (UAC) qui n'a ménagé aucun effort pour la supervision de ce travail. Sa rigueur au travail est la qualité que nous avons gardée d'elle ;
- Au Doyen de la Faculté, Prof. Dr. Ir. Jean T. CODJIA, qui n'a ménagé aucun effort pour la réalisation effective de cette formation ;
- Au Prof. Jean M. ATEGBO pour ses précieux conseils ;
- Au Prof. Dr Ir. Guy A. MENSAH, Directeur du CRA-Agonkanmey de l'INRAB, pour sa contribution à la qualité scientifique de tous ce que les jeunes entreprennent ;
- Au Dr Ir. Ibrahim ALKOIRET TRAORE, Doyen de la Faculté d'Agronomie de l'Université de Parakou, pour ses précieux conseils ;
- Aux Dr Ir. Marcel HOUINATO, Dr Ir. Christophe CHRYSOSTOME, Dr Ir. Sévérin BABATOUNDE, Dr Ir. Marcel SENOU, Dr Armand GBANGBOCHE et Dr Florian DAGA, pour leurs conseils, leur soutien moral et leur appui pédagogique ;
- Aux membres du Laboratoire d'Ethnopharmacologie et de Santé Animale (LESA) principalement à Félix, Erick et Pascal ;
- Au Dr Eusèbe AGOUA, pour ses conseils, son soutien moral et son appui pédagogique ;
- A tous les professeurs qui ont accepté de dispenser les cours et qui n'ont ménagé aucun effort pour que cette promotion, la troisième, soit bien encadrée ;
- Aux Honorables membres de mon Jury, pour la bienveillante attention qu'ils ont accordée à ce travail, qu'ils reçoivent mes remerciements les plus distingués ;
- Aux camarades de la promotion avec lesquels j'ai passé de bons moments fraternels ;

Enfin une pensée spéciale pour Primaëlle Miguel

TABLE DES MATIERES

ABSTRACT

African giant snails, the best appreciated snails by West Africans, are subjected to heavy exploitation and high pressure pickup. In order to contribute to the development of the African giant snails breeding 150 parents *Archachatina marginata* were raised on two substrates. The experimental design is a simple randomised block with 2 treatments (2 substrates: sawdust and compost) and 3 replicates. The results showed that the substrate had a significant effect ($p < 0.05$) on the growth performance of the liveweight and of the shell of young snails. The average daily liveweight gain of snails raised on the sawdust that was equal to 0.4 g/day and significantly higher ($p < 0.05$) than the 0.3 g/day obtained from snails raised on compost. The shell growth of snails raised on the sawdust was equal to 0.1 mm/day and significantly higher ($p < 0.05$) than the null growth of snails raised on compost. The level of infestation of snail breeders is strongly influenced by the type of substrate. Snails reared on compost are three times more parasitized than those reared on sawdust. Snails with the level of infestation is high laid eggs twice significantly fewer eggs than others ($p < 0.05$). Compost induced a level of parasite infestation significantly high by comparing to sawdust ($p < 0.01$). The length of experiments did not allow to conclude on the condition and the parasite reproductive performance. The laying rate was identical to 54.0 % at snails raised on sawdust and to 54.7 % at snails raised on compost ($p > 0.05$). However, the sawdust of teak which induced good growth *Archachatina marginata* can be recommended as substrates for African giant snails breeding.

Keywords: *Archachatina marginata*, substrate, growth, infestation, rate of lay Aphids are among

RESUME

Les escargots géants africains, les plus appréciés escargots par les populations ouest africaines, font l'objet d'une forte exploitation et sont soumis à une pression de ramassage élevée. Afin de contribuer au développement de l'élevage des achatines que 150 géniteurs *Archachatina marginata* ont été élevés sur deux substrats. Le dispositif expérimental est un bloc aléatoire simple à 2 traitements (2 substrats : sciure et compost) et à 3 répétitions. Les résultats ont montré que le substrat avait un effet significatif ($p < 0,05$) sur les performances de croissance pondérale et coquillière des juvéniles. Le gain moyen quotidien des escargots installés sur la sciure était égal à 0,4 g/j et significativement supérieure ($p < 0,05$) aux 0,3 g/j obtenus chez les escargots installés sur compost. La croissance coquillière des escargots installés sur la sciure était égale à 0,1 mm/j et significativement supérieure ($p < 0,05$) à la croissance nulle obtenue chez les escargots installés sur compost. Le niveau d'infestation des géniteurs est fortement influencé par le type de substrat. Les gastéropodes élevés sur compost sont trois fois plus parasités que ceux élevés sur de la sciure. Les escargots dont le niveau d'infestation est élevé pondaient significativement deux fois moins d'œufs que les autres ($p < 0,05$). Le compost a induit un niveau d'infestation parasitaire significativement très élevé par rapport à la sciure ($p < 0,01$). La durée d'expérimentation n'a pas permis de tirer des conclusions sur l'état parasitaire et les performances de reproduction. Les taux de ponte étaient identiques à 54,0 % chez les achatines élevées sur la sciure et à 54,7 % chez les achatines élevées sur le compost ($p > 0,05$). Toutefois la sciure de bois de teck qui a induit une bonne croissance de *Archachatina marginata* peut être conseillée comme substrats pour l'achatiniculture.

Mots-clés : *Archachatina marginata*, substrat, croissance, infestation, taux de ponte

LISTE DES TABLEAUX

LISTE DES FIGURES

LISTE DES PHOTOS

LISTE DES ABREVIATIONS

BAC : Bloc Aléatoire Complet

CC : Croissance Moyenne Coquillière

FSA : Faculté des Sciences Agronomiques

GMQ : Gain Moyen Quotidien

HSD : Honest Significant Difference

LESA : Laboratoire d'Ethnopharmacologie et de Santé Animale.

OE: Nombre d'Œufs Eclos

OP: Nombre Total d'Œufs Pondus.

OPG : Œufs Par Gramme

TE : Taux d'éclosion

TP : Taux de ponte

UAC : Université d'Abomey-Calavi

Introduction

La sécurité alimentaire est un objectif à atteindre pour les pays en voie de développement en général, et pour le Bénin en particulier. La consommation de protéines animales (55 g/habitant/j), meilleure source de protéine, est extrêmement faible dans ces pays (Afolayan et Ejidike, 2000). La majeure partie de la population souffre donc d'une carence alimentaire (19 %). Cet état de chose favorise les cas de malnutrition protéinique qui sont souvent rencontrés dans les pays du tiers monde et une mortalité infanto-juvénile très élevée de l'ordre de 158 ‰ au Bénin (Struthers *et al.*, 2002).

La production animale dans les pays en développement en général, et au Bénin en particulier est faible (à valeur de 17 % de protéine) et n'arrive pas à couvrir les besoins de la population (Otchoumou, 1997). Ce secteur de la production agricole est confronté à de nombreux problèmes à savoir un coût élevé des matières premières servant à la fabrication des provendes, et souvent, les dépenses liées à l'alimentation constituent plus de 60 % des charges de production. Les aliments les plus chers dans la fabrication des provendes sont ceux qui constituent les meilleures sources de protéine et d'énergie. Les protéines d'origine animale sont d'une efficience supérieure à celle des protéines d'origine végétale, puisqu'elles contiennent tous les acides aminés en proportion optimale (Mead et Kemmerer, 1953). La faible production animale, est donc un problème majeur que les pays pauvres doivent résoudre. Il est en effet évident que le niveau de production qui les caractérise, ne pourra d'aucune manière subvenir aux besoins de leur population galopante. Etant donné, que le besoin est urgent, une solution rapide et efficace est la promotion du petit élevage, tel que les escargots, les insectes, les petits mammifères, qui ne nécessitent pas de moyens importants, et, qui peut complémenter la production conventionnelle (Ebenso, 2002).

L'escargot géant d'Afrique est l'une des espèces qui dispose d'un grand potentiel zootechnique. C'est un gastéropode qui se rencontre souvent sous les débris végétaux, dans certains périmètres agricoles, et surtout un peu partout sous les tropiques pendant les saisons pluvieuses (Adeyemo et Borire, 2002 ; Sodjinou *et al.*, 2003). Sa chair est appréciée tant dans les milieux urbains que ruraux de beaucoup de pays africain, dont le Bénin. C'est une source très précieuse de protéines animales (Ajayi *et al.*, 1978), pour les populations rurales qui ne peuvent s'offrir les viandes des spéculations conventionnelles (Imevbore, 1990). La viande d'escargot a un goût et un arôme particulier (Aboua, 1990). Elle est riche en fer, en phosphore et en calcium, pauvre en cholestérol (Aboua, 1995). Elle a donc une valeur nutritive supérieure à celle des autres viandes (Adeyeye, 1996 ; Afolayan et Ejidike, 2000). En plus de cette valeur nutritive exceptionnelle, la viande d'escargot est un ingrédient important dans la préparation de divers remèdes médicinaux traditionnels d'une part, et dans les cérémonies rituelles d'autre part (Imevbore, 1990 ; Aboua et Boka, 1996). Les escargots géants d'Afrique se nourrissent des feuilles, de certains fruits, et de la matière organique. Les performances d'un individu adulte d'*Archachatina marginata* sont de 8 œufs pondus par ponte pour quelques 4 pontes l'an, d'un poids moyen de 750 g. Le poids de la coquille fait 30 % de la masse corporelle totale (Ajayi *et al.*, 1978). Ils sont résistants à la plupart des maladies qui affectent les animaux d'élevage (Adeyemo, 2005). La durée de vie moyenne des escargots géants d'Afrique est de 5 à 6 ans (Ekoué et Kuevi-Akue, 2002). Néanmoins, Cobbinah et Kankam (2000) ont montré qu'ils pouvaient vivre jusqu'à l'âge de 9 ans en élevage.

Mais, malgré cet atout, l'application irrationnelle aux escargots géants de techniques hélicicoles élaborées pour les Hélicidés et la transposition non adaptée de concepts d'élevage traditionnellement utilisés pour les mammifères ou les oiseaux, sont à l'origine des mauvaises performances réalisées en élevage d'escargots géants africains (Ayodele et Asimalowo, 1999). Aussi, existe-t-il peu de données sur l'influence des substrats d'élevage sur le niveau de parasitisme des escargots. En effet, les substrats d'*Acacia auriculoformis*, le compost, ou la sciure de bois utilisées par différents auteurs (Koudandé *et al.*, 2006 ; Nobime, 2003 ; Codjia et Noumonvi, 2001) n'ont pas d'influence connu sur les performances de reproduction des escargots. Cet état de chose est certainement l'une des causes des baisses de performances de reproduction des archachatines, et un frein pour l'essor de cet élevage. C'est dans le but d'apporter une contribution à la résolution de ce problème, que cette étude a été initiée. En effet, la détermination de l'influence du substrat à travers l'évaluation des performances de reproduction et le niveau de parasitisme sera d'une importance capitale dans l'amélioration des performances des *Archachatina marginata* en élevage.

L'objectif général de cette étude est de déterminer l'influence du substrat d'élevage sur les performances de ponte et le niveau de parasitisme.

Il s'agit spécifiquement de :

- évaluer l'effet du substrat d'élevage sur les performances de croissance pondérale et coquillière ;
- évaluer l'effet du substrat sur les performances de reproduction et le niveau de parasitisme ;

- évaluer l'effet de l'état parasitaire sur les performances zootechnique et de reproduction.

Pour l'atteinte des objectifs de la recherche, les hypothèses suivantes ont été formulées :

Hypothèse 1 : La sciure de bois de teck comme substrat permet d'avoir une meilleure croissance pondérale marchande.

Hypothèse 2 : La sciure de bois de teck diminue de manière significative le niveau d'infestation des géniteurs.

Hypothèse 3 : Le niveau d'infestation des géniteurs diminue leur taux de ponte.

Le document en dehors de l'introduction, de la conclusion, des suggestions et des perspectives pour la thèse comporte quatre chapitres. Le chapitre 1 présente la synthèse bibliographique sur les achatines et l'achatiniculture. Le matériel et les méthodes ont fait l'objet du chapitre 2. Le chapitre 3 est consacré aux résultats obtenus et qui sont discutés dans le chapitre 4.

CHAPITRE 1 : SYNTHESE BIBLIOGRAPHIQUE

1.1. Taxonomie et caractéristiques

La taxonomie des escargots géants africains (Tableau I) est encore assez obscure, complexe et controversée, avec différents sous-genre, de très nombreuses espèces et parfois de multiples sous-espèces (Ayodele et Asimalowo, 1999). La forme grossière de la coquille permet de distinguer le genre auquel appartient l'escargot. L'identification de l'espèce peut être menée par examen du tractus génital de spécimens sexuellement mâtures (Mead 1950 ; Conan *et al.*, 1989). Les espèces *Achatina achatina, Achatina fulica, Archachatina ventricosa, Archachatina degneri* ou *Archachatina marginata* présentes en Afrique occidentale sont dotées de coquilles facilement identifiables par des zootechniciens familiarisés avec l'escargot géant africain. Au contraire, l'identification plus complexe des nombreuses autres espèces d'*Achatina* et des multiples sous-espèces répertoriées pour les genres *Archachatina* et *Achatina* est à réaliser par un malacologiste confirmé (Hardouin *et al.,* 1993). Quelques documents de référence pour l'identification d'escargots géants africains à partir de la coquille existent (Tableau I), mais Hardouin (1986) a démontré que certaines espèces ont été mal définies.

Tableau I: Caractéristiques biologiques des principaux escargots géants Africains

Espèce	*Archachatina marginata*	*A. achatina*	*A. fulica*
Taille coquille adulte (cm)	8-12	8-12	6-8
Poids adulte (g)	250-350	100-200	80-150
Temps d'incubation (jours)	22-30	12-15	7-10
Nombre de pontes/an	4-8	1-2	1-2
Taille ponte (nombre d'œufs)	6-12	100-400	100-600

Source : Aubert, 1989.

1.2. Anatomie

L'escargot est un mollusque gastéropode dont la coquille univalve s'enroule normalement selon un vortex dextre. Cette coquille, sécrétée par une membrane complexe enveloppant la masse viscérale, abrite en permanence les organes vitaux (Stiévenart et Hardouin, 1990). Il a un seul large pied ou sole pédieuse sur lequel repose la coquille ; c'est un organe épais, visqueux et musculeux qui leur sert d'organe de fixation et de locomotion (Codjia et Noumonvi, 2001). La tête située à l'extrémité antérieure possède une paire de grands tentacules "oculaires" et une paire de tentacules courts "tactiles et gustatifs" sous laquelle s'ouvre l'orifice buccal entourée de quatre lèvres (une inférieure, une supérieure et deux latérales). L'orifice génital est situé la base de la tête, juste en arrière de l'implantation du grand tentacule droit. La coquille composée essentiellement de carbonate de calcium est constituée par l'agencement tubulaire de sections ovalaires d'une spire hélicoïdale dextre qui s'enroule autour d'un axe appelé la columelle. Les chairs de l'escargot sont fixées à cet axe par une attache ligamento-musculaire. En partant de la "pointe" ou extrémité apicale de la coquille, l'espace tubulaire est d'abord occupé totalement par la glande digestive. Vient ensuite, directement contre la columelle, l'ovotestis incrusté dans la partie moyenne de la glande digestive (figure 1).

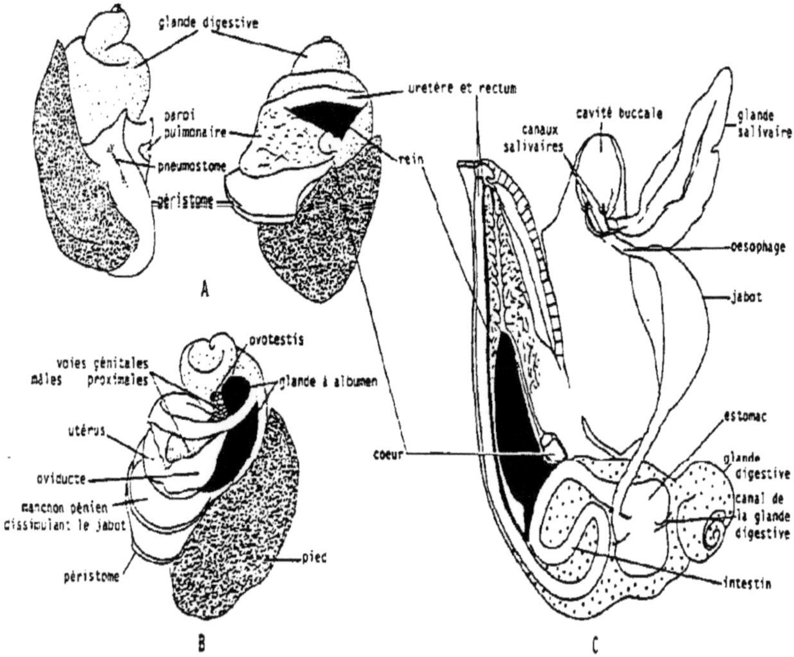

Figure 1: Planches anatomiques de l'escargot géant africain

Source : Stiévenart et Hardouin, 1990.

A : Parties charnues d'un escargot géant africain impubère (Stiévenart, 1989)

B : Parties charnues d'un escargot géant africain pubère avec mise en évidence des voies génitales et du jabot par résection de la paroi respiratoire, du cœur et du rein (Stiévenart, 1989)

C : Dissection d'*Achatina fulica* (Source: Pereira et Breckenridge, 1981)

1.3. Escargot et son environnement

1.3.1. Perception du milieu

Pour voir et sentir, l'escargot dispose respectivement d'un œil rudimentaire situé sur la face interne de chacun de ses longs tentacules et de "boutons olfactifs" situés à l'extrémité des longs tentacules (Grasse *et al.,* 1970). Près du ganglion nerveux pédieux, on décrit des otocystes qui possèdent des otolithes calcaires baignant dans un liquide. Ils représentent presque certainement l'organe de l'équilibre et celui de l'ouïe. Pour goûter, l'escargot utilise ses courts tentacules inférieurs qui surplombent la bouche dans laquelle s'exercerait aussi la gustation. Enfin, les sensations tactiles sont récoltées non seulement par les cellules neuro-épithéliales de la peau, mais aussi et surtout par les tentacules courts inférieurs (Stiévenart et Hardouin, 1990).

1.3.2. Adaptation de l'escargot au milieu de vie

Comme de nombreux invertébrés, les principales fonctions vitales des escargots sont très dépendantes des conditions d'environnement, notamment des cycles jour-nuit, de l'hygrométrie et de la température. Ainsi, l'escargot géant africain est connu pour être actif pendant la nuit de même qu'au crépuscule et à l'aurore (Stiévenart et Hardouin, 1990).

En dehors de conditions favorables, l'escargot se rétracte dans sa coquille. Il peut même s'isoler totalement de l'extérieur en produisant une pellicule qui obstruera l'ouverture de sa coquille. Chez les *Achatinidae*, Raut et Ghose (1980) ont décrit les conséquences d'une estivation induite expérimentalement sur la reproduction d'*Achatina fulica*. Il en résulte notamment un allongement de la durée de gestation chez les escargots fécondés juste avant l'estivation, voire la suppression de la production d'œufs issus de cette fécondation. Plusieurs auteurs ont constaté qu'*Archachatina marginata* estivait même lorsque les conditions climatiques et alimentaires apparemment favorables à sa vie active étaient maintenues (Stiévenart et Hardouin, 1990).

1.3.3. Répartition géographique

Les escargots géants africains sont présents dans une bonne partie de l'Afrique subsaharienne (figure II). Ils sont originaires du continent africain, mais deux espèces (*Achatina fulica* et *Achatina panthera*) ont colonisé avec succès des territoires extra-africains (Mead, 1979). En Afrique, chaque espèce d'achatine à sa zone de prédilection mais on note souvent des chevauchements entre ces zones. L'aire de répartition du genre Burtoa est la seule qui ne couvre pas l'Afrique occidentale. Burtoa n'est présent que dans les parties orientale et centrale du continent (Pilsbry et Becquaert, 1927). Le genre Archachatina à un vaste aire de qui s'étend de la Sierra Leone au Congo. Les trois espèces les plus répandues appartiennent tous au sous-genre *Calachatina* (Hodasi, 1984).

L'aire de répartition du genre *Achatina* est actuellement très étendue (figure 2). En Afrique, il s'étend au sud du Sahara. Les limites septentrionales s'étendent de la Gambie au lac Tchad et les limites méridionales s'étendent du fleuve orange en Afrique du sud via le Congo Démocratique et l'Angola. Aujourd'hui, elle est répandue dans plusieurs pays d'Asie du sud-est et dans les pays de l'Océan Pacifique (Hodasi, 1984).

On remarque la présence, dans le bas Bénin, des espèces comme *Archachatina (Calachatina) ventricosa, Archachatina marginata saturalis, Achachatina marginata ovum, Archachatina Calachatina dignerie et Achatina Achatina monochromatica* qui est considérée aujourd'hui comme une espèce en régression (BONI, 1993).

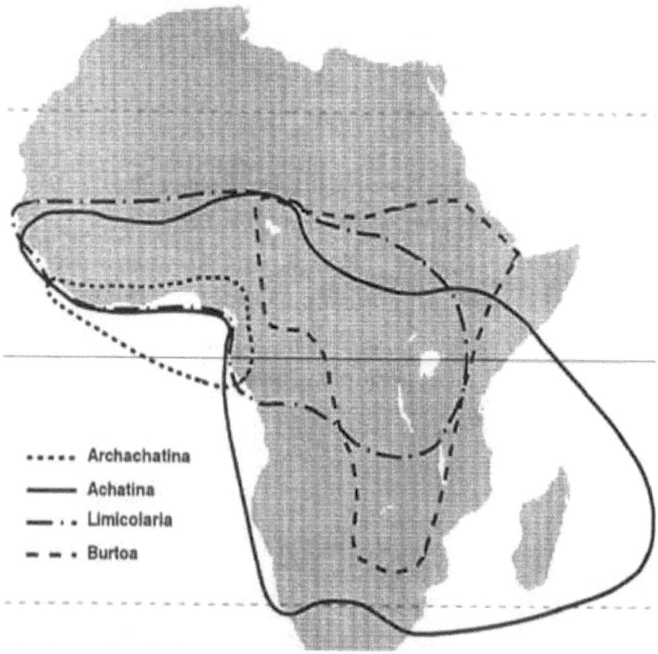

Figure 2: Carte de répartition géographique des achatines en Afrique

Source : Hardouin *et al.* (1995)

1.4. Facteurs importants pour la production d'escargot

Le substrat, l'humidité, la température, l'air, l'ensoleillement sont des éléments très importants pour une bonne production en achatiniculture.

1.4.1. Substrat

Le contact avec la terre semble indispensable à la bonne croissance des escargots. Cette terre leur apportera du carbonate de calcium, d'autres sels minéraux notamment du magnésium, ainsi que diverses substances présentes dans la matière organique dont peut-être les facteurs de stimulation de la croissance (Gomot *et al.,* 1989). On ne connaît pas à l'heure actuelle la teneur minimale en calcium du sol (exprimée en ions calcium échangeables ou en calcium total) qui garantirait le succès de l'élevage des escargots géants africains à l'extérieur (Elmslie, 1982). Les sols pauvres en calcium peuvent être amendés par adjonction de chaux, mais, les sols très acides ne peuvent pas être rendus propices à l'achatiniculture (Elmslie, 1986). Etant donné que la terre constitue aussi un refuge où l'escargot s'enfouit lorsqu'il fait trop chaud ou trop sec, elle devra être légère, suffisamment drainée pour ne pas se compacter et permettre à la fois aux géniteurs d'enfouir leurs œufs et aux jeunes de s'en dégager une fois éclos. Il est important de souligner que la terre peut être la porte d'entrée idéale pour les parasites, les agents infectieux et de nombreux prédateurs potentiels (Stiévenart et Hardouin, 1990).

1.4.2. Humidité relative

Les escargots préfèrent un taux élevé (de 80 à 90 %) d'humidité de l'air. Ils sont d'ailleurs actifs durant les périodes humides du jour (aurore et crépuscule) et pendant la nuit. En dehors de ces périodes humides, ils s'abritent sous la végétation naturelle ou sous des matériaux disposés pour jouer le même rôle (Stiévenart et Hardouin, 1990). Il existe, en effet, chez l'escargot un degré d'hydratation de part et d'autre duquel il devient moins actif et présente des troubles de croissances tels que le nanisme et les malformations coquillières (Rousselet, 1982).

La variation du degré d'humidité de l'air ambiant règle la vie des achatines (Otchoumou *et al.,* 2004) et selon le cas on peut avoir :

- une phase de vie active au cours de laquelle les achatines déploient leur sole pédieuse et rampent à la recherche de nourriture et
- une phase de léthargie au cours des périodes chaudes de l'année et durant l'harmattan.

Lors de la phase de léthargie, l'escargot se rétracte alors complètement dans sa coquille et à la longue, secrète un opercule calcaire pourvu d'une ouverture qui permet les échanges gazeux (Alassane-Kpembi, 1999).

1.4.3. Température

Les escargots géants africains ne contrôlent pas leur température corporelle, ils sont poïkilothermes. La température ambiante optimale est entre 22 °C et 26 °C mais les achatines peuvent s'accommoder des températures atteignant 30 °C (Abiassi, 1998). Ce métabolisme peut être ralenti en cas de conditions de vie (climatiques et/ou alimentaires) défavorables.

1.4.4. Air

Pulmonés, les escargots terrestres respirent de l'air et ne possèdent pas de branchies. Leur tégument s'opposant très mal à la déshydratation, il faudra donc prescrire une aération suffisante, mais éviter le vent et les courants d'air. En effet, le vent surtout sec et froid active l'évaporation. Il absorbe la rosée et déshydrate les achatines. L'installation d'une exploitation achatinicole doit donc se faire sur un site ombragé, disposé de sorte à empêcher une grande circulation du vent (Abiassi, 1998).

1.4.5. Ensoleillement, éclairement, durée du jour

La niche écologique originelle des achatines est assez proche de l'équateur. C'est une région caractérisée par des jours et des nuits de longueur presque égales. Pour la croissance des achatines, la meilleure photopériode semble être de 12 heures de lumière et 12 heures d'obscurité (Zongo, 1994). Stiévenart et Hardouin (1990) conseillent soit d'implanter l'escargotière sous d'anciennes plantations ou tout autre couvert végétal, soit de l'abriter sous ombrage.

1.5. Différents modes d'élevages

On peut envisager la mise en élevage d'espèces locales selon des systèmes extensifs ou intensifs à condition que l'infrastructure prodigue aux animaux une alimentation à forte appétence couvrant leurs besoins nutritifs, qu'elle leur permette de vivre en l'absence de traumatismes et dans des conditions hygrométriques compatibles avec leur physiologie particulière de mollusques capables d'estiver en périodes trop peu humides (Imevbore, 1990).

1.5.1. Système intensif

De simples boîtes en bois non traité, dont diverses versions ont été décrites par Cobbinah et Kankam (2000), peuvent convenir pour l'élevage d'escargots géants africains. Il peut aussi être pratiqué dans des fosses, qui ne sont pas creusées dans le sol, mais comportent chacune des murets en brique de terre ou de ciment s'élevant jusqu'à 50 cm de hauteur (Stiévenart et Hardouin, 1999). Un couvercle amovible grillagé de toile moustiquaire est placé sur la face supérieure de l'enceinte. Le fond de l'escargotière est garni d'une litière de feuilles recouvrant une épaisseur d'une dizaine de centimètres de terreau. Il y a également les bâtiments d'élevage tels que décrits par Codjia et Noumonvi (2001). Les mêmes auteurs recommandent un dispositif barrant l'accès aux prédateurs souterrains. Un grillage métallique de mailles suffisamment petites, enfoui soit verticalement soit horizontalement sous l'escargotière, peut convenir dans le cas des fosses d'élevage, ou une couche de terre à 50 cm de profondeur, avec de la cendres de palmistes, des feuilles de neem ou de tabac, des épineux, des rafles de palmistes grillées et du terreau préalablement chauffé (Codjia et Noumonvi, 2001). De la cendre étalée en une large et épaisse bande continue autour de l'enceinte d'élevage barrera l'accès aux limaces susceptibles d'atteindre les escargots, de même qu'une large rigole circonscrivant complètement l'élevage et remplie en permanence d'eau pourra s'opposer aux fourmis carnivores prédatrices des escargots géants africains (Aubert, 1989).

On regroupe ces escargotières dans un site ombragé, humide et abrité du vent (Imevbore, 1990). Une couverture végétale de sous-bois est recommandée et peut si nécessaire, être complétée par un abri soit de paille ou de feuilles de bananiers (Hardouin *et al.*, 1993). En revanche, les toits en tôle sont à proscrire. Il faut arroser les escargotières plusieurs fois par jour (Aubert, 1989). En plus de l'arrosage quotidien, l'entretien comporte le retrait des aliments en voie de décomposition ou moisis, le lavage des abreuvoirs et des mangeoires et leur approvisionnement. Dans des conditions climatiques chaudes et humides, la putréfaction et la dégradation du milieu de vie des escargots sont rapides. On utilisera des vers de terreau *Eisenia fetida* ou *Eudrilus eugeniae* pour maintenir les fosses saines pour les escargots en croissance, mais cette utilisation doit être envisagée avec réserve sur les sites de pontes des animaux, car la présence de vers de terreau semble nuire à l'incubation des œufs (Hotopp, 2002).

1.5.2. Système extensif

Contrairement au système d'élevage intensif, le système extensif se pratique sur une couverture végétale variée, qui procure un microclimat humide aux escargots. Le modèle proposé par la

FAO (1985) est inspiré des techniques hélicicoles italiennes (Elmslie, 1992). Il est réalisé dans des enclos ciel ouvert, dont le sol est garni d'une végétation abondante composée d'espèces végétales bien appétées par les escargots géants africains.

1.5.3. Système mixte

C'est un système qui consiste à l'utilisation des deux systèmes ci-dessus décrits. Il consiste à élever les géniteurs sur pâturage (Imevbore, 1990). Les juvéniles par contre, sont élevés selon un système intensif. Le but de ce système est de réduire sensiblement la période improductive des escargots (Ejidike, 2002).

1.6. Reproduction

L'escargot (figure 3) est hermaphrodite (Egonmwan, 1988). Néanmoins, l'accouplement est nécessaire pour la reproduction naturelle (Stiévenart et Hardouin, 1999). L'escargot mâture manifeste d'abord une tendance sexuelle mâle (Monney, 1987 ; Itavi, 1986). Les spermatozoïdes échangés sont stockés dans le réceptacle séminal jusqu'au moment ou les ovules arrivent à maturité. La fécondation se réalise au niveau de la jonction du canal hermaphrodite avec la glande à albumen. Elle est suivie par la formation d'un œuf à coquille calcaire et la ponte (Stiévenart, 2000). Selon la FAO (1985), *Achatina achatina* produit par saison des pluies une seule ponte, ou exceptionnellement deux de 100 à 300 petits œufs (Hodasi, 1979), alors qu'*Archachatina marginata* produirait 4 à 8 pontes de 5 à 10 gros œufs par saison des pluies (Stiévenart et Hardouin, 1993). Dans la nature les Hélicidés et les Achatinidés enfouissent leurs œufs dans le sol meuble (Stiévenart et Hardouin, 1999). L'incubation naturelle dans le sol humide aboutit, après quelques semaines, à l'éclosion de jeunes escargots aussi grands que l'œuf dont ils proviennent (Hardouin *et al.,* 1993). Les escargots éclos de petits œufs (*Achatina* et *Limicolaria*) sont particulièrement fragiles et on enregistre des taux de mortalité néonatale importants. Ce n'est pas le cas, semble-t-il, des jeunes *Archachatina* qui, provenant d'œufs plus grands, sont déjà plus résistants au moment de leur venue au monde (Hardouin *et al.*, 1999).

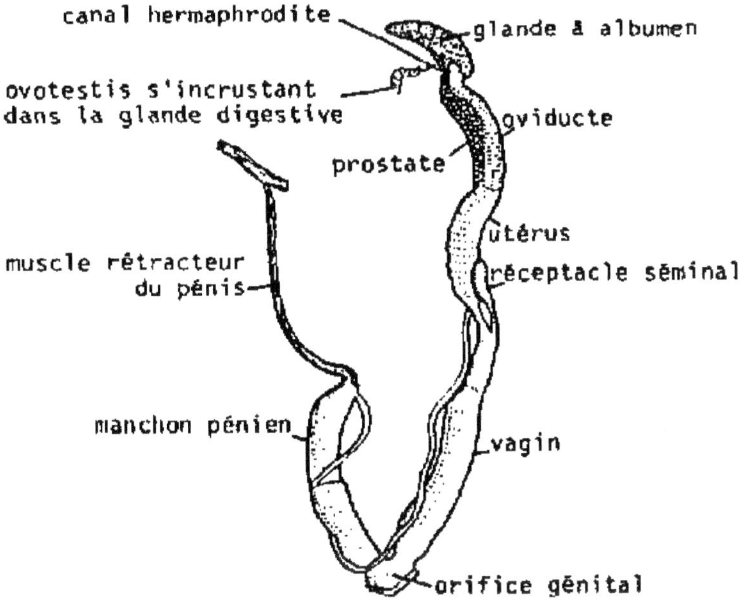

Figure 3: Appareil génital d'Achatina achatina

Source : Stiévenart et Hardouin (1990)

Des chercheurs se sont penchés sur la régulation de la croissance et de la reproduction des hélix par le milieu extérieur (figure 4). Certains pensent à une médiation neuro-hormonale fort semblable à celle qui est décrite chez les vertébrés (Gomot et Deray, 1987). Cette théorie attrayante ne doit pas faire oublier que pour grandir et se reproduire l'escargot doit disposer de tous les éléments alimentaires et non alimentaires indispensables à son épanouissement physiologique. Cette évidence n'est pourtant pas facile à cerner. En effet, que l'on parle d'*Hélicidé* ou de d'*Achatinidé*, il ne semble pas exister a l'heure actuelle de publications qui tentent de définir les besoins de l'escargot en croissance et de l'escargot reproducteur. Koudandé *et al.* (2006) ont démontré que l'escargot *Archachatina sp.* est capable de capter le calcium lithique par la partie du pied qui est en contact avec le sol, et que, cette prise calcique ne peut être remplacée par un apport alimentaire de calcium. Cobbinah et Osei-Nkrumah (1998) ne sont pas les seuls à confirmer le rôle de ce minéral dans la fécondité et la production d'œufs des gastéropodes pulmonés terrestres. Gomot *et al.* (1989) ont souligné l'importance non négligeable du sol sur la croissance d'*Hélix aspersa*. Les premières expérimentations sur les escargots géants africains vont dans le même sens. Cobbinah et Osei-Nkrumah (1998) ont montré qu'a différentes rations mixtes d'aliments frais distribuées à de jeunes *Achatina achatina* correspondent des courbes de croissance très différentes. Upatham *et al.* (1988), qui ont testé une quinzaine de combinaisons d'aliments frais et/ou secs sur *Achatina achatina* débouchent sur les mêmes constatations. Koudandé et Ehouinsou (1995) ont quant à eux montré les performances de croissance d'*Archachatina marginata* soumis à trois différents régimes. En effet, le gain de poids obtenu en huit semaines est de 24,1 % pour *Talinum sp*, 64,8 % pour *Leucaena*, 147 % pour les feuilles de *Carica papaya* et 130 % pour *Tridax sp*. On peut toutefois se demander ce que signifie la notion d'âge en termes de jours, semaines ou mois chez les poïkilothermes. En effet, leur métabolisme étant influencé par la température ambiante, leur croissance et leur progression plus ou moins rapide vers le stade physiologique d'adulte sont très variables.

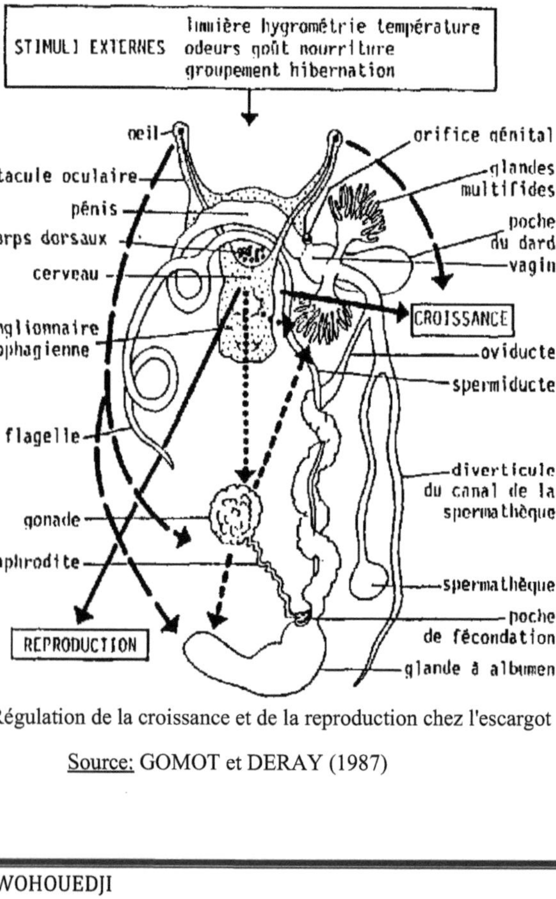

Figure 4: Régulation de la croissance et de la reproduction chez l'escargot

Source: GOMOT et DERAY (1987)

1.7. Croissance

Contrairement au squelette des animaux de rente classique, celui de l'escargot est constitué essentiellement par du carbonate de calcium cristallisé sous différentes formes (Imevbore *et al.*, 1993). L'escargot ne subit pas de métamorphose pour atteindre le stade adulte (Ajayi *et al.*, 1978). Ce phénomène est concomitant d'un épaississement de la paroi (Pollard, 1975). Tandis qu'on observe pour certains genres d'escargots (*Hélix*, *Archachatina* et *Burtoa*) une limitation manifeste de la croissance, se traduisant par l'apparition chez les animaux adultes d'un rebord en forme de gouttière au niveau de l'ouverture coquillière communément appelé «bordure» chez les escargots européens, les escargots du genre *Achatina* n'élaboreraient pas cette bordure et semblent donc pouvoir indéfiniment agrandir leur squelette (Hardouin *et al.*, 1993). Le cycle biologique peut être bouclé en un peu moins d'une année pour les géants africains du genre *Archachatina* élevés en laboratoire sous une hygrométrie élevée et une température de 24 à 25°C. Cette durée est longue en conditions climatiques non contrôlées. L'âge à la première ponte est, en élevage, de 18 mois à 2 ans pour le géant *A. achatina* (Hodasi, 1979). *A. fulica* semble plus précoce (Hardouin *et al.*, 1993).

Les contraintes en élevage sont multiples. Des troubles de croissance existent, même chez les animaux correctement nourris (Otchoumou *et al.*, 1991). Les escargots, soumis à des conditions d'élevage stressantes présentent une production coquillière lente et de mauvaise qualité, ainsi que des anomalies de la reproduction (Aubert, 1989). Les incubations sont possibles sur le site de ponte ou sur des pots d'incubation éloignés de celui-ci (Mensah et Alassane, 1999). Les œufs doivent être placés en ambiance humide, dans du terreau à 60-65% de teneur en eau ou entre du film de papier absorbant imbibé d'eau garnissant le fond d'une boite de pétri close (Hotopp, 2002). La connaissance des maladies infectieuses et parasitaires des escargots géants africains est actuellement faible. Il est donc recommandé de respecter les règles élémentaires d'hygiène dans les élevages (Stiévenart, 1990).

1.8. Ennemis des escargots d'élevage

En dehors de la physiopathologie dont quelques aspects ont été abordés précédemment, il est difficile de parler des pathologies parasitaires et infectieuses de l'escargot géant africain. En effet, aucune donnée bibliographique précise ne semble disponible, et seuls les prédateurs et les compétiteurs des escargots géants africains seront cités. Nous pouvons les regrouper en 3 classes à savoir les vertébrés, les crustacés, les insectes et les microorganismes.

1.8.1. Macroorganimes.

En ce qui concerne les vertébrés, citons l'homme, les reptiles, les oiseaux, les rats, souris, musaraignes et rats de Gambie, les grenouilles et les crapauds. Ils attaquent de manière fréquente les escargots adultes et les juvéniles (Tattersfield *et al.,* 2001).

Chez les crustacés, on trouve les crabes terrestres carnivores, tandis que parmi les mollusques, les limaces sont des compétiteurs. Les insectes les plus dangereux sont ceux dont les adultes déposent leurs larves sur les escargots. Ces larves digèrent la chair du gastéropode au cours de leur développement (Tattersfield *et al.,* 2001).

1.8.1.1. Mouches à fruit

Les mouches à fruit (Photo 1) sont de la famille des *Drosophillidés* et sont de petites mouches mesurant environ 3-4 mm. La caractéristique taxonomique de la mouche à fruit est représentée par ses yeux, qui sont de couleur rouges. Les mouches à fruit pondent leurs œufs sur des aliments en fermentation à l'intérieur des enclos. Durant leur développement, ce sera l'une des sources d'alimentation de prédilection des larves de mouche. Le potentiel reproducteur des mouches à fruit est énorme. Elles sont capables de pondre 500 œufs et le cycle de vie entier de l'œuf a l'adulte peut-être fini en une semaine environ. Comme la plupart des mouches, elles peuvent transférer des bactéries aux aliments (Bonnet *et al.,* 1990).

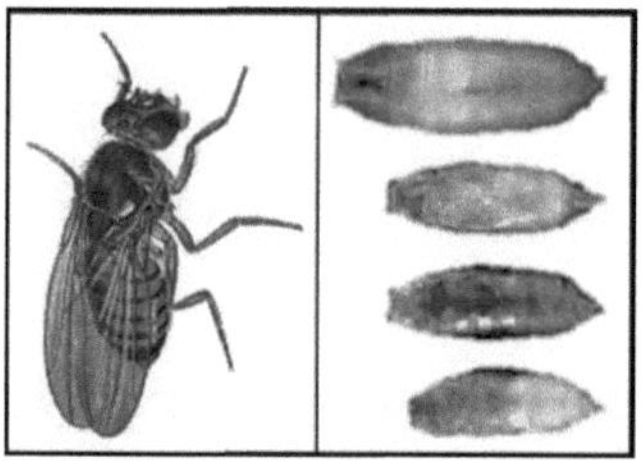

Photo 1: Mouche à fruit (Adulte à gauche et chrysalides à droite)

Source : Bonnet et *al.*, 1990

1.8.1.2. Moucherons

Les moucherons sont de la famille des *Scaridés* (Photo 2). Les adultes volent et sont habituellement long de 3-4 mm. Elles ressemblent à des moustiques minuscules. Les Scaridés sont des mouches de compost. L'adulte est attiré par de la végétation en décomposition. Le compost est un substrat idéal pour eux. Les moucherons passent par quatre étapes dans leur développement : œuf, larve, chrysalides et adulte. La femelle pond 50 à 300 œufs (0,2 mm) dans le compost et le développement des larves se fait par quatre mues. Des manifestations de hautes populations de *Scaridés* sont liées au niveau d'humidité élevé. La durée du cycle quand les conditions sont remplies est de 10 a 14 jours (Tattersfield *et al.*, 2001).

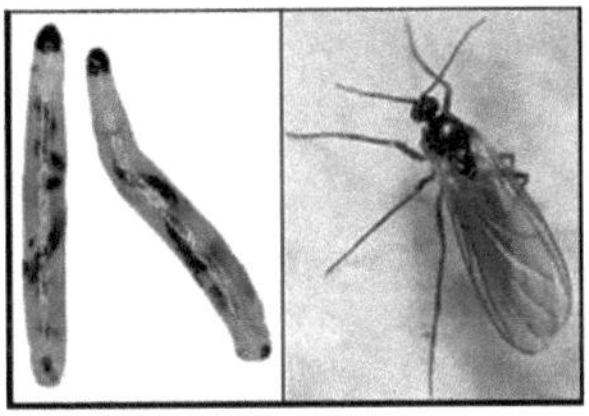

Photo 2 : Les moucherons de la famille des *Scaridés* (Adulte à droite et chrysalides à gauche)

Source : Bonnet *et al.*, 1990

1.8.1.3 Mouches bossues

Les *Phoridés*, également connus sous le nom de mouches bossues (Photo 3), sont petits (3-4 millimètres) ressemblent aux mouches de fruits. Le caractère taxonomique le plus remarquable de cette mouche est la forme bossue de son thorax. Aussi, c'est une mouche qui peine à prendre son vol. Elles ne peuvent pas voler quand la température tombe en-dessous de 12°C. Les larves sont blanches, 1 à 6 millimètres de long, sont tronquées à une extrémité et ont une tête aigüe à l'autre (Bonnet *et al.*, 1990).

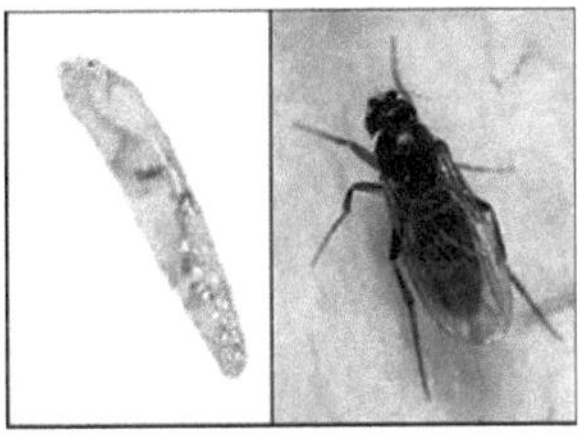

Photo 3: La mouche bossue (Adulte a droite et larve a gauche)

Source : Bonnet *et al.*, 1990

1.8.1.4. Petites mouches noires

Ces petites mouches ont le corps foncé, une taille d'environ 3-4 millimètres et sont de la famille des *Sphaeroceridés* (Photo 4). Les tarses sont la clef de détermination taxonomique. Sur cette mouche particulière, le premier segment des tarses est considérablement agrandi. La plupart des mouches de cette famille colonisent les matières organiques en décomposition notamment celles se trouvant dans les enclos d'escargots (Tattersfield *et al.*, 2001).

Photo 4: Petite mouche noire de la famille des *Sphaeroceridés*

Source : Aubert, 1989

1.8.1.5. Acariens

Au nombre des prédateurs d'escargots, les acariens sont une préoccupation permanente pour les éleveurs d'escargots. Ils sont facilement introduits dans les escargotières par l'intermédiaire de la nourriture ou des entrées de nouveaux escargots. Le type le plus commun d'acariens que l'on rencontre est *Riccardoella limaciun.* Ils sont minuscules, blancs, se déplacent très rapidement et sont de véritables suceurs de sang. Particulièrement craint des éleveurs ils sont traités par pulvérisation de pyrèthre lorsque les parcs sont en vide sanitaire. Il existe également une option de lutte biologique: l'*hypoaspis miles*. Ce dernier est un prédateur d'acariens (dont le Riccardoella), larves de mouches, mille-pattes, pucerons, etc. Une fois introduit dans les parcs il contrôle efficacement les populations des ennemies des escargots (Aubert, 1989).

1.8.2. Microorganismes

Les mycoses, les nématodes, les bactéries ont des actions parasitaires ou pathogènes très fréquentes sur les œufs d'*Archachatina marginata.*

1.8.2.1. Nématodes

L'*Angiostoma aspersae* est un nématode de grande taille (plus de 2 mm). Il se rencontre à l'état adulte dans la cavité palléale de l'escargot où il produit des larves. Ces derniers se logent entre le corps et la coquille des escargots et peuvent désolidariser le manteau de la coquille (Tattersfield *et al.*, 2001).

1.8.2.2. Trématodes

La douve du foie (*Fasciola hepatica*), trématode responsable de la fasciolose, est un parasite du foie et des canaux biliaires. Il prospère dans le foie des moutons et est occasionnellement rencontré chez le cheval. Très fréquente et très pathogène chez les ruminants, la douve se nourrit de sang et des cellules hépatiques, grandit puis pond ses œufs. Mais les œufs de douves ne peuvent pas éclore dans le foie du mouton. Tout un périple les attend. Les œufs quittent leur hôte par les excréments. Ils se retrouvent alors dans le monde extérieur, froid et sec. Après une période de murissement, ils éclosent pour laisser sortir une minuscule larve. Cette larve sera consommée par l'escargot. Dans le corps de l'escargot, la douve se multipliera avant d'être éjectée dans les mucosités que crache le gastéropode en période de pluie. Ces mucosités, en forme de grappes de perles blanche, attirent fréquemment les fourmis. Elles ne demeurent pas longtemps dans le jabot social des fourmis. Elles en sortent en le perçant de milliers de trous, le transformant en passoire qu'elles referment avec une colle qui durcit et permet à la fourmi de survivre à 1'incident (Bonnet *et al.*, 1990).

1.8.2.3. Lutte contre les nématodes et trématodes

II n'existe pas actuellement de produit spécifique pour lutter contre les nématodes et trématodes parasites des escargots. Jusqu'à ce jour, les méthodes préventives faisant appel à la rigueur et aux soins de 1'éleveur sont les plus efficaces; une désinfection périodique du matériel à 1'eau de javel abaisse le taux de parasitisme. Cependant, voici une liste exhaustive des matières actives utilisées dans le traitement des parcs d'engraissement: cyanamide, cyanamide calcique, delthaméthrine, pyréthrines, pyrèthre, dazomet, formaldéhyde, chaux vive, métaldéhyde. En ce qui concerne la nursery et les locaux d'hibernation, ils peuvent être désinfectés à 1'aide d'une solution à base de chlore actif ou de formol au moins une fois 1'an. Le vide sanitaire (3 mois) sur 1'ensemble des bâtiments intérieurs et extérieurs permet d'éviter la plupart des maladies et de lutter contre les prédateurs (Aubert, 1989).

1.9. Maladies:

Les mycoses, les produits chimiques, les bactéries et les accidents ont des actions pathogènes et déprédatrices très fréquentes sur les *Archachatina marginata.*

1.9.1. Mycose des pontes

La mycose des pontes apparait lors d'un excès d'humidité ou à une mauvaise qualité de terreau. Les œufs de couleur anormale (rose, clair, jaune ou gris) se dessèchent ou pourrissent. Ils doivent être retirés au risque de contaminer tout le lot (Aubert, 1989).

1.9.2. Sensibilité aux produits chimiques

Les escargots sont très sensibles aux substances chimiques. Ces dernières se concentrent sous la coquille de l'escargot, occasionnent de nombreux dégâts et finissent par les tuer (Aubert, 1989).

1.9.3. Hydropsie

D'origine bactérienne, cette maladie est une accumulation de liquide organique par humidité excessive. L'excès d'humidité est donc néfaste pour les escargots (Aubert, 1989).

1.9.4. Accidents

Les "accidents" arrivent de temps en temps et peuvent provenir de plusieurs causes: prédateurs, chutes, électrocution, etc. Au nombre des accidents les plus graves nous pouvons citer la rupture du manteau et l'extrusion d'intestin (Aubert, 1989).

Le manteau est le muscle qui retient le corps à la coquille, et qui permet au gastéropode de garder sa forme dans la coquille. Le manteau peut se décoller partiellement ou totalement de la coquille. Le manteau une fois effondrée ressemble à une chaussette sortant de la coquille. L'effondrement met un peu de pression sur les poumons. L'effondrement du manteau semble être réparable mais cela dépend de l'alimentation des escargots (Aubert, 1989).

CHAPITRE 2 : MATERIEL ET METHODES

2.1. Milieu d'étude

Cette étude a été réalisée sur la ferme de l'ONG EVER GREEN située dans la commune d'Abomey-Calavi. La commune est caractérisée par un climat de type guinéen (figure 5) avec deux saisons de pluie (mi-mars à mi-juillet et mi-septembre à mi-novembre) et deux saisons sèches (mi-novembre à mi-mars et mi-juillet à mi-septembre). Les escargots étant des poïkilothermes, leur métabolisme est fortement influencé par l'humidité et la température ambiante (Hardouin *et al.,* 1993).

La pluviométrie moyenne annuelle est voisine de 1.200 mm. Nous avons noté une diminution du niveau des précipitations du Nord vers le Sud et de l'Est vers l'Ouest de la commune. La température est l'un des facteurs importants pour l'achatiniculture. La température moyenne mensuelle varie entre 27 °C et 31 °C avec un écart de 3,2 °C entre le mois le plus chaud (mars) et celui le moins chaud (août).

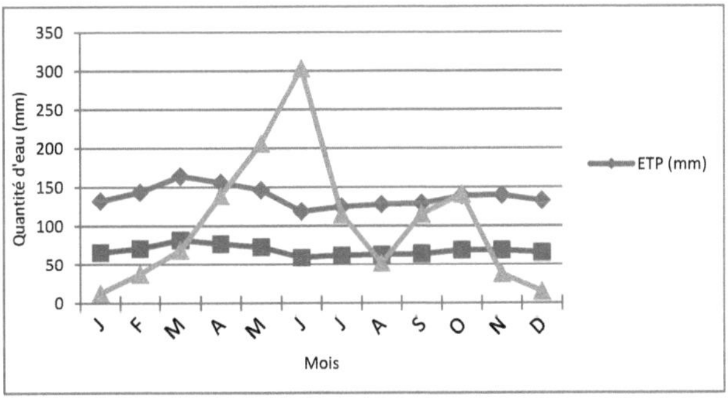

Figure 5: Diagramme climatique de la Commune d'Abomey-Calavi (1975 à 2005)

Source : ASECNA, 2006

2.2. Infrastructures d'élevage

Sur la ferme, le bâtiment d'élevage était une achatinerie de 44 m^2 comportant 2 achatinière de 2 m^2 chacune et 10 achatinières de 1,20 m^2. Il y à également une réserve d'eau en béton destinée à contenir l'eau de pluie d'une capacité de 1.200 m^3 et des parcelles de cultures fourragères. La ferme à une superficie de 800 m^2.

Six achatinières de 1,20 m^2 (longueur : 1,20 m ; largeur : 1 m ; profondeur : 0,20 m) de superficie ont servi pour l'expérimentation. Dans chaque compartiment, il a été disposé deux assiettes en argile servant de mangeoire et d'abreuvoir. Les trois premières loges disposent de la sciure de teck comme litière et les trois dernières du compost. La sciure de bois de teck a été choisie à cause de deux raisons à savoir son niveau d'infestation faible et son pH neutre. En ce qui concerne le compost de première génération utilisé qui a également un pH neutre, il a été choisi parce qu'il constitue le substrat naturel des gastéropodes.

2.3. Conduite d'élevage

Chaque achatinière avant le début de l'expérimentation (photo 5) a été nettoyée et laissée vide pendant deux semaines, afin de réduire au maximun l'action déprédatrice de différentes ennemies de l'achatiniculture. La sciure a été achetée dans les scieries de la place, tandis que le compost a été pris sur la ferme.

Photo 5: Achatinière

L'épaisseur de chaque substrat dans les achatinières est de 20 cm. Les 150 escargots reproducteurs ont été arrosés deux fois par jour et ce, tous les jours. La quantité d'eau utilisée par arrosage est égale à 2 litres. Ceci à permis l'aération du sol, l'assainissement et la lutte contre les fourmis. Les gastéropodes ont été nourris avec un mélange de 30 g de son de maïs et de 10 g de farine de kaolin servi à volonté. L'eau étant servie a volonté. Les archachatineaux issus de chaque bloc ont été élevés séparément et ont subi la même conduite zootechnique. L'enclos de nurserie a pour superficie 2 m^2. L'eau et l'aliment ont été servis dans des abreuvoirs et mangeoires en terre cuite. Une fois par semaine, le substrat a été aéré, les œufs ont été ramassés et incubés. Les œufs ont été mis en incubation dans des pots en plastique dont le fond a été perforé de plusieurs trous afin de permettre l'écoulement de l'eau.

2.4. Dispositif expérimental

Le dispositif expérimental a été un bloc aléatoire complet (BAC) à 2 traitements (substrats) et à 3 répétitions (Figure 6).

Achatinière 1: Substrat Compost	Achatinière 2: Substrat Sciure	Achatinière 3: Substrat Compost
Achatinière 4: Substrat Sciure	Achatinière 5: Substrat Compost	Achatinière 6: Substrat Sciure

Figure 6: Schéma du dispositif expérimental

Le 1er bloc correspondait au groupe de géniteurs élevés sur compost. Avant le début de la collecte des données les archachatines ont été soumises à une semaine de transition alimentaire afin de s'acclimater aux différents substrats.

Les achatinières comportaient chacune 25 escargots géniteurs qui ont été pesés avant l'installation à la fin de la période de transition (15 j). La quantité totale d'aliment servie a été de 40 g/j. L'eau de boisson leur a été servie à volonté. Après l'éclosion, le poids et la taille des escargotots ont été relevés une fois par semaine et ce pendant un mois. Les mortalités des juvéniles et des reproducteurs ont fait l'objet d'un enregistrement quotidien.

Le deuxième bloc correspondait aux reproducteurs élevés sur sciure. Il y avait trois répétitions et la conduite était la même. Ainsi, 150 archachatines ont été utilisées pour l'essai. Le taux de mortalité est évalué à 10 % chez les reproducteurs et les juvéniles (Codjia et Noumonvi 2001). Ainsi, pour remplacer les mortalités éventuelles au cours de la phase d'adaptation, c'est plutôt 168 archachatines (*Archachatina marginata*) qui ont été installés pour l'expérimentation.

2.5. Collecte des données

Il a été confectionné des fiches pour chaque loge sur lesquelles toutes les données collectées ont été mentionnées. Les refus alimentaires sont pesés quotidiennement et évacués avant un nouveau service. Deux fois par semaine il est procédé à la pesée des gastéropodes et à la prise de leurs mensurations linéaires coquillères (longueur de la coquille). Les escargots géants morts sont à chaque fois retirés et enregistrés. Une fois par semaine, les œufs pondus dans chaque loge ont été enregistrés. Les analyses coprologiques ont été réalisées au LESA (Laboratoire d'Ethnopharmacologie et de Santé Animale). Ainsi 4.200 pesées et mesures de coquilles, et, 24 examens coprologiques ont été faits. Il a été utilisé pour la pesée des achatines, de la quantité d'aliment servie et du refus une balance électronique de marque Salter de portée 2 kg et de précision 1g. Un pied à coulisse a servi à prendre les mensurations coquillières.

2.5.1. Paramètres zootechniques

Les paramètres zootechniques ont été calculés avec les formules de Lhoste *et al.* (1993) pour le GMQ (Gain Moyen Quotidien) et le taux de mortalité. Celles de Kouassi *et al.* (2007) ont été utilisées pour la croissance coquillière moyenne (CC), le taux de ponte et le taux d'éclosion. Notons que les taux de ponte et d'éclosion sont calculés chaque mois.

- ✓ *Le gain moyen quotidien (GMQ)*

$$\mathrm{GMH} = \frac{\mathrm{Wf} - \mathrm{Wi}}{\Delta \mathrm{T}} \text{ et } \mathrm{GMQ} = \frac{\mathrm{GMH}}{\mathrm{d}}$$

GMQ = gain moyen quotidien (g /j)

GMH = gain moyen hebdomadaire

Wf = poids final

Wi = poids initial

ΔT = durée entre deux pesées (jours)

d = 7 jours

- ✓ *Croissance moyenne coquillière*

$$\mathrm{CC} = \frac{\mathrm{L2} - \mathrm{L1}}{\mathrm{T2} - \mathrm{T1}}$$

CC = Croissance moyenne coquillière

T1:Temps initial (jours)

T2: Temps final (jours)

L1: Longueur moyenne de coquille initiale.

L2: Longueur moyenne de coquille finale.

- ✓ *Taux de ponte*

$$\mathrm{CC} = \frac{\mathrm{Pt}}{\mathrm{Es}} \times 100$$

TP = Taux de ponte

Pt: nombre total de pontes dans un bac

Es: nombre d'achatines dans ce bac.

- ✓ *Taux d'éclosion*

$$TE = \frac{OE}{OP} \text{ x } 100$$

TE = Taux d'éclosion

OE: nombre d'œufs éclos

OP: nombre total d'œufs pondus.

2.5.2. Analyse des substrats

Notons qu'avant le début de l'expérimentation, le pH et le niveau d'infestation des substrats ont été déterminés (Tableau II). Pour ce faire, nous avons procédé à un échantillonnage primaire de 50 g du substrat de chaque bloc. Les 50 g de substrat ont été prélevés sur 10 répétitions à raison de 5 g par prélèvement sur les diagonales de l'enclos. Au laboratoire, un deuxième échantillon de 10 g a été réalisé pour chaque échantillon primaire. C'est sur ce dernier que s'est réalisé la détermination du niveau d'infestation et du pH (papier indicateur universel pH 1-10 Rota™).

Tableau II: Comparaison des substrats

Paramètres	Sciure	Compost
pH du substrat	7	7
Température du substrat (°C)	26	26
Humidité Relative de l'air dans les enclos (%)	85	85

2.5.3. Examen coprologique

En ce qui concerne l'échantillonnage des crottes, une quantité de 10 g a été prélevée dans chaque achatinière. Les crottes ont été mises dans des sachets en plastiques numérotés, fermés hermétiquement, en prenant soin de chasser l'air. Les crottes ainsi conditionnées ont été acheminées en 1 h au laboratoire. Les parasites recherchés étaient les œufs de nématodes et de cestodes et les ookystes de coccidies.

Au laboratoire, 2 g de cet échantillon primaire sera prélevé afin de réaliser l'analyse coprologique. Pour ce faire, la méthode quantitative de Mac Master selon le « Diagnostic de verminose par examen coprologique » (Thys et Vercruysse, 1990) adaptées aux mollusques sera utilisée. La procédure est la suivante :

- Prélever 3 g de crottes ;
- Ecraser et triturer dans un mortier avec une quantité de solution saturée de NaCl puis compléter à 42 ml ;
- Tamiser pour éliminer les éléments grossiers ;
- Remplir avec une pipette Pasteur, les 2 cellules de la lame Mac Master en évitant de provoquer la formation des bulles d'air ;
- Attendre quelques minutes (5 min environ), les œufs se collent contre le couvre objet ;
- Observer au microscope photonique et compter les œufs.

On détermine l'OPG (œufs par gramme) par la formule suivante :

$OPG = (n_1 + n_2) / 2 \times 100$

Avec n_1= nombre d'œufs dénombrés dans la cellule 1 et n_2 = nombre d'œufs dénombrés dans la cellule 2.

2.6. Analyses Statistiques

Le logiciel R a permis d'apprécier les effets factoriels par l'analyse de variance (ANOVA) et des valeurs moyennes sont comparées selon le test HSD (honest significant difference) de Tukey pour les variables de croissance pondérales et coquillières et selon le test d'étendue critique de Duncan pour la variable reproduction. Les résultats ont été présentés sous forme de moyenne plus erreur-type (Dagnelie, 1975).

CHAPITRE 3 : RESULTATS

3.1. Effet du substrat sur la croissance

Les résultats de 102 j de croissance d'*Archachatina marginata* soumis à deux types de substrat et à la même alimentation ont été consignés dans le tableau III. Les figures 7 et 8 traduisaient respectivement l'évolution des croissances pondérale et coquillière dans le temps en fonction du substrat.

Tableau III: Effet des substrats sur les performances de croissance des juvéniles d'*Archachatina marginata*

Paramètres	**Substrat d'élevage**	
	Sciure	**Compost**
Poids au départ (g)	2,7±0,5 [a]	2,4±0,1 [a]
Poids à la fin (g)	5,6±1,5[a]	4,3±1,1[b]
Croissance pondérale moyenne (g/j)	0,4±0,2[a]	0,3±0,2[b]
Gain en poids (g)	2,0±0,2[a]	1,8±0,2[b]
Longueur coquille au départ (mm)	3,1±0,9	3,1±0,3
Longueur coquille à la fin (mm)	3,3±0,05[a]	3,1±0,02[b]
Croissance coquillière moyenne (mm/j)	0,1±0,03[a]	0,0±0,0[b]
Gain en longueur de coquille (mm)	0,2±0,02[a]	0,0±0,0[b]
Mortalité cumulée (%)	0,013±0,05[a]	0,24±0,05[b]

Les valeurs moyennes sur une même ligne avec des lettres différentes a, b sont significativement différentes ($p < 0,05$).

Le substrat avait un effet significatif ($p < 0,05$) sur les différents paramètres calculés. En effet les gains en poids vif et en longueur de coquille sont meilleurs dans les loges où le substrat est de la sciure. Les escargots dans les enclos à sciure ont été de 0,4 g plus lourds et ont eu des coquilles plus longues de 0,2 mm que ceux des enclos à compost

Le gain moyen quotidien (GMQ) et la croissance coquillière moyenne (CC) étaient significativement plus élevés ($p < 0,05$) dans les enclos à sciure.

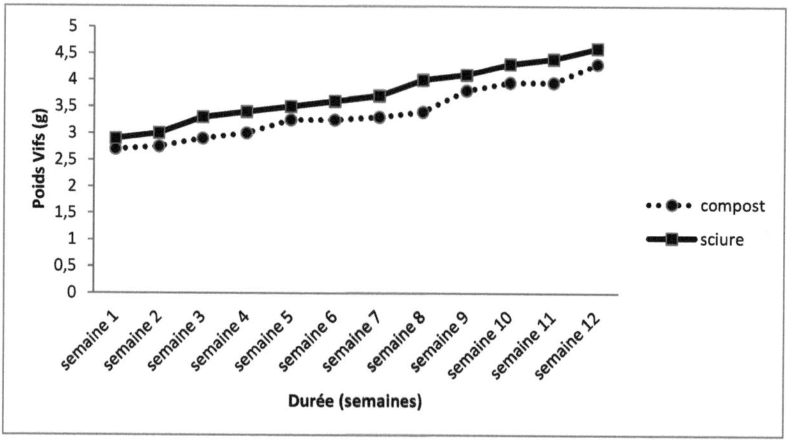

Figure 7: Effet du substrat sur la croissance pondérale des juvéniles d'*Archachatina marginata*

Les vitesses de croissance moyenne pondérale des juvéniles ont été de 0,4 ± 0,2 g et 0,3 ± 0,2 g ($p < 0,05$) respectivement pour les enclos à sciure et à compost. Les vitesses moyennes de croissance coquillière étaient de 0,2 ± 0,03 mm/j pour les enclos à sciure et nulle pour les juvéniles installés sur compost. La conduite zootechnique étant la même, la croissance induite par le confort de la sciure a été nettement supérieure à celle induite par le compost. Les animaux installés dans de la sciure ont profité de l'état du substrat et ont donné les meilleures performances pondérale et coquillière chez *Archachatina marginata*. La comparaison des croissances pondérale et coquillière au test HSD (Honest Significant Différence) de Tukey ($p < 0,05$) montre qu'il y a une différence significative entre le mode d'élevage avec de la sciure d'avec celui qui utilise du compost comme substrat. Ces résultats ont montré que la sciure comme substrat a présenté un meilleur avantage que le compost pour l'élevage des jeunes archachatines.

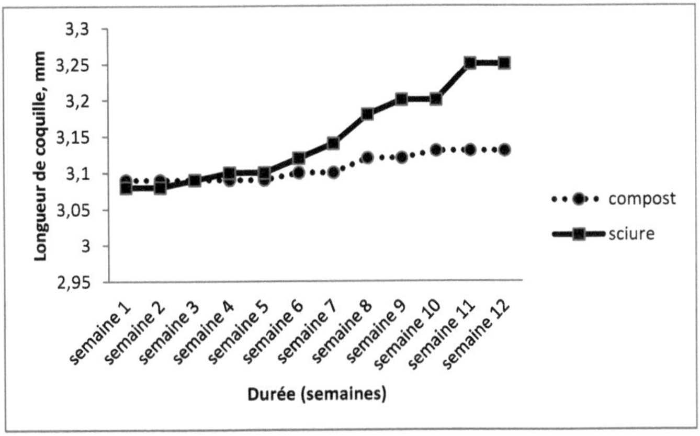

Figure 8: Effet du substrat sur la croissance coquillière des juvéniles d'*Archachatina marginata*

3.2. Effet du substrat sur la reproduction

La reproduction ne semble pas être influencée par le type de substrat. En effet, les animaux soumis aux différents traitements, ont pondu à différentes dates. Les nombres d'œufs par ponte ne sont pas significativement différents ($p > 0,05$) d'un type de substrat à l'autre (6,02 ± 1,41 œufs pour les enclos à sciure contre 6,14 ± 1,35 œufs pour les enclos à compost). Néanmoins, les géniteurs installés sur compost ont pondu plus d'œufs par ponte que ceux installés sur sciure. De même que le taux de ponte, le taux d'éclosion des œufs issus des escargots installés sur compost a été supérieur à celui des autres œufs. Notons que ces différences n'étaient pas significatives. En effet la comparaison des taux de ponte et d'éclosion par l'analyse des variances n'a révélé aucune différence significative entre types de substrat (Sciure et Compost). Les résultats issus du test d'étendue critique de Duncan ont confirmé les précédents (Tableau IV). Les œufs issus des différents traitements présentent de façon générale, les mêmes caractéristiques. Il n'y a pas de différence significative à ce sujet entre les types de substrats.

Tableau IV: Influence du substrat sur les performances de ponte et la durée d'incubation chez *Archachatina marginata*

Paramètres	**Substrat d'élevage**	
	Sciure	**Compost**
Nombre d'œufs / ponte	6,02±1,41[a]	6,14±1,35[a]
Durée d'incubation, j	28±1,02[a]	27±1,4[a]

Les valeurs moyennes sur une même ligne avec des lettres différentes a, b sont significativement différentes ($p < 0,05$).

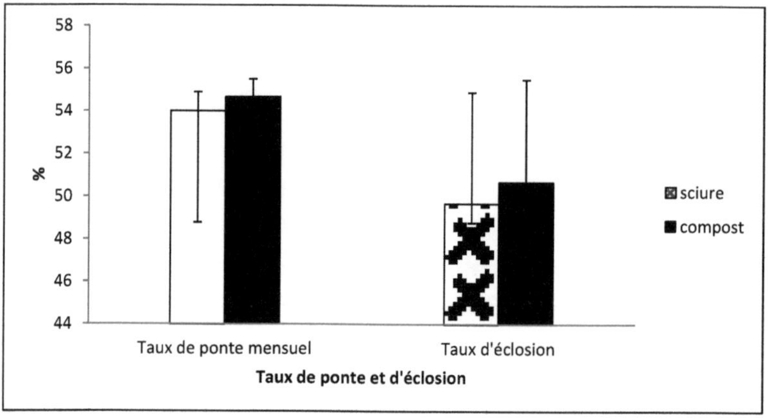

Figure 9: Les taux de ponte et d'éclosion selon le substrat

3.3. Effet du substrat sur le niveau d'infestation

Les résultats des examens coprologiques sont montrés par les figures 10, 11 et 12.

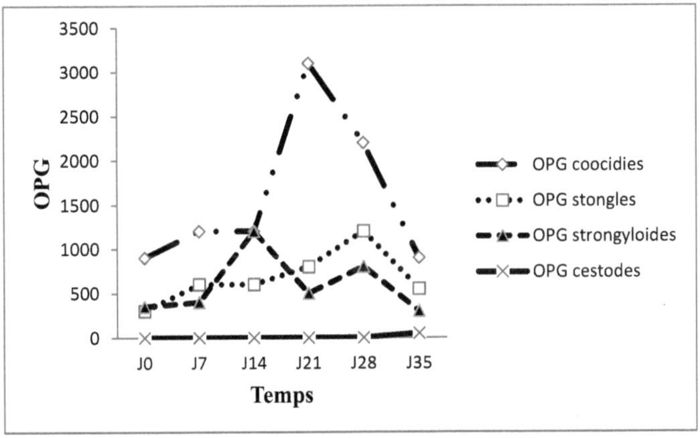

Figure 10: Evolution des OPG des escargots installés sur le compost au cours de l'expérimentation

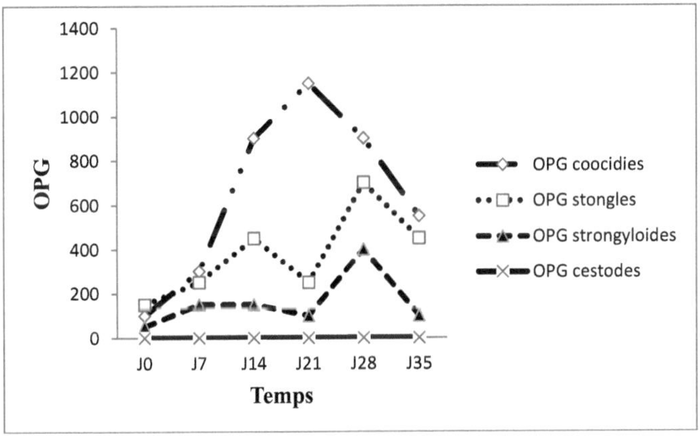

Figure 11: Evolution des OPG des escargots installés sur la sciure au cours de l'expérimentation

Il ressort de ces analyses, d'une part que le cycle de ponte des parasites intestinaux adultes est irrégulier. D'autre part, les archachatines installés sur le compost sont près de 3 fois plus parasités que les escargots installés sur de la sciure. En effet le total des OPG durant toute l'expérimentation est de 343 pour les enclos à compost et seulement de 142 pour les enclos à sciure ($p < 0,05$). De tous les œufs rencontrés, les œufs de coccidies sont les plus nombreux

(OPG_{sciure} = 78 et $OPG_{compost}$ = 190 avec $p < 0,05$). L'OPG le plus faible est celui des œufs de cestodes qui n'est présent que dans les crottes des escargots géants installés sur compost.

Les $OPG_{strongles}$ et $OPG_{strongyloïdes}$ sont pratiquement égaux pour les archachatines installés sur du compost. Par contre les escargots installés sur de la sciure sont deux fois plus parasités par les strongles que les strongyloïdes.

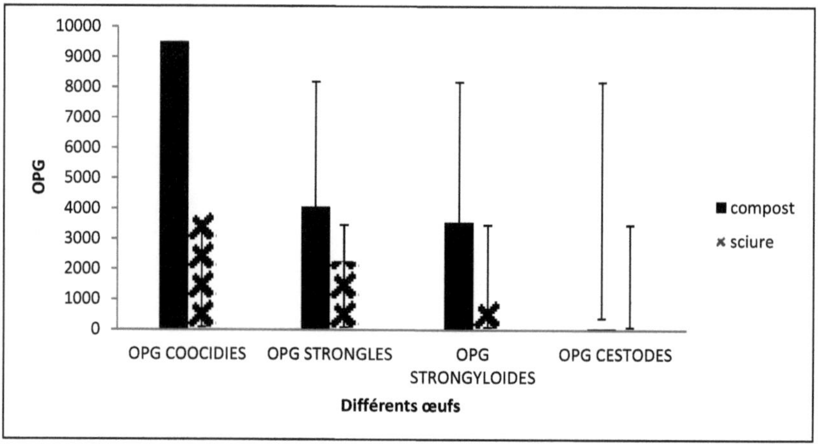

Figure 12: Fréquence des OPG par type de substrat

Le taux de mortalité cumulé des escargots est consigné dans le tableau 2. La mortalité est plus élevée chez les animaux installés sur du compost (0,05 %) chez ceux installés sur de la sciure (0,01 %). La comparaison des moyennes par l'analyse des variances selon Duncan révèle une différence significative du taux de mortalité entre sciure et compost.

3.4. Relation entre parasitisme et performance de ponte

Lorsque nous couplons les résultats des différents paramètres mesurés deux a deux en calculant le coefficient de Pearson, nos obtenons le tableau V.

Tableau V: Analyse de corrélation de Pearson entre les différents paramètres mesurés de l'expérimentation

	Substrat	Œufs pondus	Gain moyen quotidien	Croissance de la coquille	OPG
Substrat	X	-0,02	0,40	0,06	-0,62
œufs pondus	-0,02	X	0,21	2,29	-0,08
OPG	-0,62	-0,08	-0,28	-0,69	X

Les différents coefficients obtenus correspondent aux autres résultats obtenus précédemment. En effet, le substrat a un effet négatif sur les performances de ponte et l'état parasitaire. Par contre, nous remarquons que les croissances pondérales et coquillières des juvéniles sont positivement corrélées avec le substrat. La croissance pondérale est fortement corrélée (r = 0,4) tandis que le coefficient de corrélation de la croissance coquillière avec le type de substrat est plus faible (r = 0,06). Signalons que les différents paramètres zootechniques à savoir les performances de ponte, le gain moyen quotidien et la croissance moyenne coquillière sont négativement corrélés avec l'état parasitaire.

CHAPITRE 4 : DISCUSSION

Les escargots sont végétariens en milieu naturel et vivent dans des milieux humides (Daubrey et Pape 1992, Zongo 1994). Le système hors sol permet de réduire la période post maturité des gastéropodes. Dans un système hors sol, le rôle du substrat d'élevage est très important (Johannessen et Solhoy, 2001 ; Otchoumou *et al.,* 2004). En effet, c'est le lieu où les escargots passent la quasi totalité de leur temps. Il ressort de nos travaux que les deux substrats testés dans ce travail ont des influences différentes sur la croissance des juvéniles, la reproduction, la mortalité et le niveau d'infestation des géniteurs escargots.

4.1. Effet du substrat sur les performances de croissance et de reproduction

4.1.1. Croissance pondérale et coquillère

En nous référant au gain moyen quotidien où le $GMQ_{sciure} = 0{,}4 \pm 0{,}2$ g/j est significativement supérieur ($p < 0{,}05$) au $GMQ_{compost} = 0{,}3 \pm 0{,}2$ g/j nous remarquons que les jeunes escargots élevés sur de la sciure présentent les meilleures performances de croissance pondérale et coquillières. La croissance pondérale des escargots est lente mais continue jusqu'à la fin de l'expérimentation pour les deux traitements (Figure 7). En ce qui concerne la croissance coquillière (Figure 8), nous remarquons qu'elle est pratiquement nulle pour les juvéniles installés sur le compost. Néanmoins nous pouvons la subdiviser en deux phases. La première phase dure 5 semaines et va de la 1^{iere} semaine à la 5^{ieme}. Durant cette période, la croissance des coquilles est pratiquement nulle sur les deux substrats. Ce n'est qu'après la cinquième semaine que les escargots ont eu un léger gain de longueur coquillier. La croissance brute des coquilles peut être expliquée par le fait qu'ils sont entrés dans leur période de croissance coquillière. Toutefois, toujours est-il que les archachatines installés sur sciure ont une meilleure croissance coquillière ($p < 0{,}05$). En effet, le confort de la sciure, son niveau d'aération et son dégrée d'hygiène semblent êtres les raisons pour lesquelles les gastéropodes ont eu une meilleur performance de croissance, l'alimentation étant la même. Étant donné que le compost est un milieu riche en micro organisme, il semblerait que ces derniers aient un effet négatif sur la croissance des archachatines.

Ces résultats correspondent avec ceux d'Ategbo et Zongo (2000), qui ont eu à montrer l'importance de la teneur en eau du substrat d'élevage sur la croissance des escargots d'elevage. Ayodele et Asimalowo (1999) ont constaté à la suite de Graham (1978) et Jess, (1989) que les gastéropodes puiseraient dans le substrat certains nutriments. La croissance des escargots semble fortement liée à la teneur en matière organique et dans une moindre mesure à la teneur en calcium de l'aliment et du substrat d'élevage. Otchoumou et *al.* (2004), abondent dans le même sens en montrant les capacités de réparation de la coquille des escargots géants sur différents substrats. Toutefois, le substrat favorable à une meilleure croissance d'*A. marginata* parmi les deux étudiés, est la sciure. Ce substrat, même s'il est pauvre en nutriments assure non seulement une bonne croissance, mais, favorise un faible taux de mortalité. Il s'avère plus performant que le substrat naturel de l'archachatine (le compost).

Par contre, en Côte d'Ivoire, Kouassi et *al.*, (2007) ont trouvé que le substrat idéal pour l'élevage hors sol d'*A. ventricosa* est le mélange du sol d'une plantation de manioc et de 10 % de sciure de bois. La croissance induite par ce substrat est similaire à celle des sols de forêts. En effet, les archachatines sont inféodées aux sols des forêts tropicales humides constamment renouvelés par la décomposition de divers débris végétaux (Koudandé et *al.*, 1998 ; Noumonvi, 1999 ; Otchoumou et *al.*, 2003b ; Ejidike, 2004). Cette matière organique pourrait contenir des nutriments de croissance. Toutefois la sciure de bois est plus riche en lignine et le taux de nutriment est très faible. La lignine ne se dégrade pas très vite dans le sol. Par ailleurs, selon les mêmes auteurs, la croissance pondérale s'avère moins bonne sur les sols riches en oxyde de calcium. Pourtant, il a été constaté que les escargots puisent le calcium dans le sol (Mazabrand, 1986; Koudandé, 2006) et ils affectionnent les sols ferralitiques et/ou calcaires riches en eau (Crowell, 1973 ; Chevalier, 1985 et 1992).

4.1.2 Reproduction

Les deux substrats n'ont pas une incidence sur les performances de reproduction. Malgré ces différences de croissance coquillières et pondérales les escargots installés sur les deux types de substrats ont pratiquement les mêmes performances de ponte. Il n'y a pas de différences significatives entre les performances de ponte. Ceci pourrait s'expliquer par le fait que les deux blocs soient soumis à la même conduite zootechnique. En effet les taux de ponte sont respectivement de 54 % et 54,67 % pour les enclos à sciure et à compost ($p > 0,05$). Même si la différence n'est pas significative, nous remarquons quand même que le taux de ponte des loges à compost est sensiblement supérieur à celui des loges à sciure. Ceci pourrait s'expliquer par le fait que les escargots consomment le compost et en tirent certains nutriments.

D'une manière générale, la croissance des Archachatina est sous l'influence de plusieurs facteurs. Otchoumou *et al.,* (2004) ont soumis des *Archachatina ventricosa* (Gould) à deux régimes alimentaires composés de feuilles de *Lactuca sativa* (*Apiaceae*) et de *Brassica oleracea* (Brassicaceae) pour R_1 et de feuilles de *Laportea aestuans* (*Urticaceae*) et de

Phaulopsis falcisepala (*Acanthacées*) pour R_2 et quatre régimes concentrés sous forme de farine. Les performances induites par les aliments concentrés sont plus élevées que celles induites par les fourrages verts. Ejidike (2004) quant à lui a montré l'effet des paramètres climatiques et de l'alimentation sur la croissance des *Archachatina marginata*. D'après ces auteurs, le gain moyen quotidien des gastéropodes est inversement corrélé avec la température ambiante. Les autres variables physiques qui sont fortement corrélées (R^2 = 98) avec la croissance pondérale sont l'humidité relative et la pluviométrie. En ce qui concerne la croissance coquillière, contrairement à nos conclusions, elle suit la même tendance que le gain de poids. Elle est tributaire de bonne condition d'élevage (Stiévenart, 2000 ; Ireland, 1991 ; Ebenso et Okafor, 2002). Enfin, Ejidike (2004) à montré l'importance de l'alimentation en plus de tous ces facteurs cités plus haut. Ils sont suivis par Ademolu et Idowu (2005) qui ont travaillé sur l'influence de plusieurs rations sur la reproduction des *Archachatina marginata*, en l'occurrence des rations de volailles. Les gastéropodes ont réagi différemment à chaque ration. Ils ont eu à identifier une ration optimale.

Kouassi *et al.* (2007) ont par contre, travaillé sur l'influence du substrat sur les performances zootechniques des escargots. Ces auteurs ont conduit une expérimentation avec deux cent cinquante juvéniles de *Archachatina ventricosa* (Gould, 1850) d'un poids vif moyen de 2,30 g avec une longueur moyenne de coquille de 20,12 mm et âgés de deux semaines environ. Ils ont été élevés pendant 48 semaines sur cinq types de substrats [S1 (sol recueilli sous une plantation de manioc (*Manihot spp.*); S2 (S1 avec 10 % de poudre de coquilles d'huitre), S3 (S1 avec 10 % de sciure de bois), S4 (S1 avec 5 % de poudre de coquille d'huitre et 5 % de sciure de bois), S5 (sol de forêt tropicale humide)]. En vue de déterminer le substrat induisant les meilleures performances de croissance, tous les individus ont été nourris avec un aliment concentré contenant 14,01 % de calcium. Cette étude a révélé que la qualité du substrat influence les paramètres de croissance d'*Archachatina ventricosa*. La meilleure croissance a été obtenue sur le substrat S3 (0,284 g/j; 0,169 mm/j). Les substrats S2 et S4 favorisent une croissance similaire au substrat témoin (S5). La sciure de bois induit donc une bonne croissance des *Archachatina* et pourrait alors être conseillée comme source d'amendement des substrats à quiconque voudrait faire l'élevage de cette espèce.

4.2. Effet du substrat sur le niveau d'infestation et la mortalité

Si l'état microbien des substrats semble ne pas influé sur les performances de reproduction, il semble être à la base de l'état parasitaire des escargots. Dans un premier temps, il s'avère que les escargots installés sur la sciure sont trois fois moins parasités que ceux installés sur compost. Aussi, les différents OPG calculés montrent une sérieuse infestation des escargots installés sur compost. En effet, ils ont un fort taux d'infestation de coccidies (OPG = 190 contre 78), de strongles (OPG = 81 contre 45), de strongyloïdes (OPG = 71 contre 19) et un cas de cestode ($P < 0,05$). Ces différentes valeurs des OPG correspondent à ceux obtenu par Hounzangbe-Adoté et Meyer (1996) sur les petits ruminants. Ce fort niveau d'infestation serait à la base de leur faible performance pondérale et coquillière. En effet, quel que soit la spéculation, le substrat d'élevage a toujours une influence sur l'état parasitaire de l'élevage donc le rendement zootechnique. Krieg *et al.* (1988) ont montré par le biais d'essai zootechnique l'importance du substrat rugueux dans l'élevage des truies. Il s'avère que leur essai ont révélé l'effet de ce substrat dans la rétention vitelline. Aussi, Vanessa et Michel (1999) ont su démontrer que le substrat d'élevage concourrait au bien être des animaux domestiques. Ils ont montré l'importance de la sciure dans les cages de poules pondeuses. Un bon substrat d'élevage est donc indispensable à la réussite d'une exploitation. Ceci est d'autant plus vrai qu'un substrat de mauvaise qualité induit une forte infestation des animaux. L'une des conséquences immédiate de cet état de chose semble être la baisse des performances zootechniques et un taux de mortalité élevé. Il ressort de nos travaux que le taux de mortalité des escargots sur sciure est plus faible que celui des escargots sur compost. En effet, le contrôle du parasitisme des animaux d'élevage est souvent indispensable sous peine de pénaliser les performances zootechniques des animaux (Vandiest *et al.*, 2007).

4.3. Effet du substrat sur les performances de reproduction

D'après nos résultats, nous remarquons que les géniteurs les plus parasités semblent être ceux qui pondent les moins d'œufs. En effet, les gastéropodes installés sur sciure moins parasités (OPG moyen = $228,7 \pm 0,8$) ont pondu en moyenne plus d'œufs que ceux installés sur compost dont l'OPG moyen est égale à $94,7 \pm 0,8$ ($p < 0,05$). Il est clair que l'état parasitaire semble fortement influencé les performances de ponte, donc de reproduction des escargots. Ceci est également vérifié pour les autres animaux d'élevage, en occurrence les petits ruminants. C'est la raison pour laquelle Hounzangbé-Adoté et Meyer (1996) précisent d'effectuer un traitement anti parasitaire au moment de la mise bas chez les brebis Djallonké. L'influence des parasites gastro-intestinaux sur la reproduction a été également montré par Charray *et al.* (1984) qui ont noté une augmentation post-partum de l'expulsion des œufs des parasites et une influence sensible de l'infestation sur la durée de l'anostrus post-partum. De même, Adeoye (1984) affirme qu'un traitement vermifuge améliore les performances de croissance des petits ruminants. Nos résultats concordent également avec ceux de Larour *et al.,* (2004) qui ont démontré l'influence négative des parasites sur la reproduction des lapins.

Conclusion et suggestions

L'achatiniculture a fait l'objet de plusieurs études au Bénin qui restent cependant insuffisantes pour établir de manière définitive une fiche zootechnique de l'élevage des escargots géants d'Afrique. Du fait de la complexité de sa biologie, de sa croissance lente en élevage et de la pression de ramassage qu'il subit dans la nature, de multiples approches ont été utilisées pour développer son élevage au sein de divers écosystèmes. Le présent travail à contribué à la connaissance spécifique des performances des escargots soumis à la même conduite mais installés sur deux substrats différents. La sciure de bois est le substrat indiqué pour l'élevage de l'escargot géant africain. Cependant, la durée d'expérimentation ne nous permet pas de mesurer l'effet de l'état parasitaire des escargots sur leur reproduction.

Pour mieux cerner les approches stratégiques, nous suggérons que l'inventaire des œufs des parasites dans les crottes des escargots soit étendu aux trématodes. Du point de vue scientifique, une étude sur trois cycles de production à savoir 3 ans et effectuée avec des escargots sélectionnés doit être envisagée pour cerner sous divers angles sur l'effet de l'état parasitaire des escargots sur la reproduction. De même des essais sur les juvéniles doivent être envisagés dans le but d'étudier leur réponse zootechnique face a divers substrats et aliments.

Perspectives pour la thèse de doctorat

Les escargots géants africains ou achatines ont des performances zootechniques et une capacité d'adaptation aux différentes zones agro écologiques du Bénin. Toutefois, les connaissances actuelles ne permettent pas de cerner au mieux les potentialités réelles des achatines en élevage contrôlé. Pour le développement d'une filière achatine efficace et efficiente au Bénin, il est indispensable d'établir les relations entre les substrats et les performances zootechniques des achatines élevées en captivité étroites.

Il s'agit spécifiquement de :

OS1 : Analyser les réponses zootechniques des achatines élevées sur différents substrats;

OS2 : Identifier l'influence de l'état parasitaire des substrats sur les performances zootechniques des achatines élevées en captivité étroites;

OS3 : Tester les méthodes de lutte contre les parasites d'achatines a l'aide de plantes antihelminthique.

Les hypothèses issues de ces questions de recherche à vérifier sont :

H1 : Les performances zootechniques des achatines sont les mêmes quel que soit le substrat.

H2 : L'état parasitaire des achatines dépend du substrat et influe sur leurs performances zootechniques

H3 : Des traitements à base de plantes médicinales permettent de lutter contre les parasites des achatines d'élevage.

Les résultats attendus et/ou à atteindre sont les suivants :

R1 : Les taux de ponte des achatines géniteurs, les taux d'éclosion des œufs, les gains moyens quotidiens et les croissances coquillières des achrachatineaux élevés en captivité étroite par substrats sont connus.

R2 : L'influence du substrat sur l'état parasitaire des achatines élevés en captivité étroite et leurs performances est connue.

R3 : Une méthode de lutte à base des plantes médicinales contre les parasites des achatines élevées en captivité étroite est mise au point.

Références bibliographiques

1. Abiassi H., 1998. Ecoéthologie des escargots géants africains : Influence de quelques facteurs de l'environnement (température, humidité relative) sur le comportement des Achatines (*Achatina sp*). Mémoire de fin de cycle pour l'obtention du DIT au CPU-UNB, 57 p.
2. Aboua F. & Boka K., 1996, Les escargots géants comestibles d'Afrique: quelques aspects physiques et préparation en Côte d'Ivoire. Nature et Faune, 12, 4, 2-9.
3. Aboua F., 1990, Chemical composition of *Achatina fulica*. Tropicultura, 8, 3, 121-122.
4. Aboua F., 1995, Proximate analysis and mineral content of two giant African snails consumed in the Ivory Coast. Tropical Science, 35, 3, 220-222.
5. Ademolu K.O. & Idowu A.B., 2005. The use of Poultry Dropping as Snail Feed. Journal of Animal and Veterinary Advances 4 (6): 566-569.
6. Adeoye S.A., 1984. Diseases profiles of sheep and goats in group of villages in southwest Nigeria. In: Proc. Of the workshop on small ruminant production systems in the humid zone of West Africa, Ibadan, Nigeria, 23-26 January 1984, p. 13-16.
7. Adeyemo A.I. & Borire O.F., 2002. Response of giant snail (*Archachatina marginataa*) to graded levels of yam peel meal Based diet, J. Nig. Soc. Anim. Prod,. Akure Nigeria, pp. 14-17.
8. Adeyemo A.I., 2005. Response of giant snail (*Archachatina marginataa*) to graded levels of yam peel meal Based diet, J. Nig. Soc. Anim. Prod. Akure Nigeria, pp. 13-16.
9. Adeyeye E.I., 1996, Waste yield, proximate and mineral composition of three different types of land snails found in Nigeria. International Journal of Food Science & Nutrition, 47, 2, 111-116.
10. Afolayan H.H. & Ejidike, B.N., 2000. Performance of supplement Diet on the growth of African giant land snail (*Archachatina marginata*). Pulmonata: Stylommatophona. International Conference AQUA Nice, France, pp. 999-1017.
11. Ajayi S.S., Tewe O.O., Moriarty C. & Awesu M.O., 1978. Observations on the biology and nutritive value of the African Snail *Archachatina marginata*. E. Afr. Wildl. Nigeria, 4 (6), p. 9-16.
12. Alassane-Kpembi I., 1999. Contribution à l'Achatiniculture: influence de quatre fourrages verts (*Carica papaya, Leucaena leucocephala, Talinum triangulare & Tridax procumbens*) sur quelques paramètres zootechniques des achatines (*Achatina spp.*). Mémoire de fin de cycle, CPU. 68 p.
13. Anonyme, 1998. Mémento de l'agronome. CIRAD-GRET. Paris, France. pp. 1627, 1628 et 1629
14. Ategbo J.M. & Zongo D., 2000, Effet de la teneur en eau du substrat d'élevage sur la croissance et la survie de *Achatina achatina*, Agronomie Africaine, 12, 2, 71-79.
15. Aubert C., 1989. Mémento de l'éleveur d'escargot. Edition ITAVI, Paris 330 p.
16. Ayodele, I.A. & Asimalowo A.A., 1999. Essentials of snail farming. Agape prints, U. I. Ibadan, pp 51.
17. Bonnet J.C., Aupinel P. & Vrillon J.L., 1990. L'escargot *Helix aspersa*: Biologie-élevage, ISBN Editeur, 124 p.
18. Charray J., Aman N., & Tanoh K., 1984. Trois années d'observation du parasitisme gastro intestinal de la brebis naine d'Afrique de l'Ouest en région centre de la Côte d'Ivoire. Bouake, CI, CRZ. Note Technique n°11/84, 56 p.
19. Chevalier H., 1985. L'élevage des escargots: production et préparation du petit gris. Edition du Point Vétérinaire, 4. Paris 128 p.

20. Chevalier H., 1992. L'élevage des escargots: production et préparation du petit gris. Edition du point vétérinaire 5, Paris 144 p.
21. Cobbinah J.R. & Kankam B.O., 2000. Rearing of the giant African snails. In: Actes du séminaire international sur l'élevage intensif de gibier à but alimentaire en Afrique. Libreville-Gabon, 23-24 mai 2000, p. 89-96.
22. Cobbinah J.R. & Osei-Nkrumah A., 1998. The effect of food on growth of *Achatina achatina*. Snail Farming Research, 2, 20-24.
23. Codjia J.T.C. & Noumonvi R.G.C., 2001. Guide technique d'élevage d'escargots géants africains. 52 p.
24. Conan L., Bonnet J.C. & Aupinel P., 1989. L'escargot «petit-gris». Progrès en alimentation. Revue de l'alimentation animale, 3, 24-27.
25. Crowell H.H., 1973. Laboratory study of calcium requirements of the brown garden snail *Helix aspersa* (Müller), Pro. Malac. Sc.Lond. 40, 491- 503.
26. Dagnelie P., 1975. Théories et méthodes statistiques, Applications agronomiques. Les presses agronomiques de Gembloux Ed. 2, 463 p.
27. Daubrey A. & Pape A.R., 1992. Le guide de l'agriculteur en Côte d'Ivoire, Volume 4, édition PRAT/EUROPA, 286 p.
28. Ebenso I.E. & Okafor N.M., 2002. Alternative diets for growing *Archachatina marginata* snails in south-eastern Nigeria. Tropical Science, 42, 3, 144-145.
29. Ebenso I.E., 2002. Consumption and sales of domesticated snails *Archachatina marginata* in rural southern Nigeria. Tropical Science, 4, 485-487
30. Egonmwan R.I., 1988. Reproductive biology and growth of the land snail, *Archachatina marginata ovum* and *Limicolaria flammea*. Ph.D. Thesis, Oxford University, Oxford, 173 p.
31. Ejidike B.N., 2001. Dietary protein requirements of the African giant land snail (*Archachatina marginata*). Applied rop. Agric., 6:111-115.
32. Ejidike B.N., 2004. Observations on the Dietary protein level on maturity and Egg production of the African land snail, *Archachatina marginata*. J. Aniim. Vet. Adv. Pak., 3: 510-513.
33. Ejidike, B.N., 2002. Snail rearing practices in southern Nigeria. Proceedings of the 27th Annual NASP Conference, Akure, 307-308.
34. Ekoué S. & Kuevi-Akue K., 2002. Enquête sur la consommation, la répartition et l'élevage des escargots géants au Togo. Tropicultura 20 (1) 17-22.
35. Elmslie L.J., 1982. Escargots. Héliciculture. Revue Mondiale de Zootechnie, 41, 20-26.
36. Elmslie L.J., 1986. Snail farming technique and research problem. Snail Farming, 52, 26-32.
37. Elmslie L.J., 1992. Adaptation of snail species to Farming system 2. Precocious aestivation of an Introduced strain of *Helix aspersa*. Snail Farming Research IV: 7-12.
38. FAO (Food and Agriculture Organization of the United Nations), 1985. Farming snails. Fist Published, 1985, ISBN 925, Rome, 69 p.
39. Gomot A., Gomot L., Boukraa S. & Bruckert S. 1989. Influence of soil on the growth of the land snail *Helix aspersa* an experimental study of the absorption route for the stimulating factors." J. Moll. Stud. 55: 1-7.
40. Gomot A., Gomot L., Boukraa S. & Bruckert S. 1989. Influence of soil on the growth of the land snail *Helix aspersa* an experimental study of the absorption route for the stimulating factors." J. Moll. Stud. 55: 1-7.
41. Gomot A., Gomot L. & Bourkraa S., 1989. Influence of soil on the growth of the land snail *Helix aspersa*, an experimental study of the absorption route for the stimulating factors. J. Moll Stud. 55: 1-7.

42. Gomot L., & Deray A., 1987. 'Les escargots'. La recherche N°186. Mars 1987 ; 302-311.
43. Graham S.M., 1978. Seasonal influences on the nutritional status and iron consumption of a village people in Ghana. Univ. of Guelph. Canada (Thesis)
44. Grasse P.P., Poisson R.A. & Tuzet O. 1970. Traité de Zoologie 1-Invertébrés'. pp. 401 - 406.
45. Hardouin J., 1986. Mini-élevage et sources méconnues de protéines animales. Ann. Gx., 92: 153-162.
46. Hardouin J., Codjia J.T.C., & Heymans J. 1993. Guide pratique d'élevage des escargots géants africains. Centre Technique de coopération Agricole et rurale (CTA), FAO et UNB Eds 54 p.
47. Hardouin J., Stievenart C. et Codjia J.T.C., 1995. L'Achatiniculture. Revue Mondiale de Zoologie 83 (2), 29-39.
48. Hodasi J.K.M., 1979, Life history studies of *Achatina achatina* (Linné). Journal of Molluscan Studies, 45, 228-2239
49. Hodasi J.K.M. 1984. Some observations On the Edible Giant Snails of West Africa. World Animal Rev. 52: 24-28.
50. Hotopp K.P., 2002. Land snail and soil calcium in central Appalachian mountain forest. Southeastern Naturaliste 1(1): 27-44.
51. Hounzangbe-Adoté M.S. & Meyer C., 1996. Intérêt d'un traitement antiparasitaire contre les strongles et les coccidies a l'agnelage de la brebis Djallonké. Revue EMVT. p 150-156.
52. Imevbore E.A. & Ajayi S.S., 1993. Food preference of the African giant snail (*Archachatina marginata*) in Captivity. Afr. J. Ecol., 31: 265-267.
53. Imevbore E.A., 1990. Management techniques in rearing the African giant land snail *Archachatina marginata* Swainson. Ph.D. Thesis, University of Ibadan, Ibadan, Nigeria. 173 p.
54. Ireland M.P. & Marigomez I., 1991. The influence of dietary calcium on the tissue distribution of Cu, Zn, Mg and P and histological changes in the digestive gland cells of the snail *Achatina fulica* (Bowdich). Journal of Molluscan Studies, 58, 2, 157-168.
55. Ireland M.P., 1991, The effect of dietary calcium on growth, shell tickness and tissue calcium distribution in the snail *Achatina fulica*. Comparative Biochemistry & Physiology, 98, 1, 111-116.
56. ITAVI, 1986. Mémento de l'éleveur d'escargots. Paris. 473 p.
57. Jess M.R.J., 1989. The interaction of the diet and substrate on the growth of *Helix aspersa* (Müller) var. maxima. In: Slues and snails in word agriculture Henderson, I Ed. 1, 311-317.7
58. Johannessen L.E. & Solhoy T., 2001. Effects of experimental increased calcium levels in the litter on terrestrial snail populations. Pedobiologia 45(3): 234-242.
59. Kouassi K.D., Otchoumou A. & Dosso H., 2007. Effets de l'alimentation sur les performances biologiques chez l'escargot géant africain: *Archachatina ventricosa* (Gould 1850) en élevage hors-sol TROPICULTURA, 32, 8, 12 p.
60. Kouassi K.D., Otchoumou A., & Dosso H., 2007. Les escargots comestibles de Côte d'Ivoire: influence de substrats d'élevage sur les paramètres de croissance de *Archachatina ventricosa* (Gould, 18 50) en élevage hors-sol. TROPICULTURA, 25, 1, 16-20
61. Koudandé O.D. & Ehouinsou M., 1995. "Influence de l'alimentation sur la production chez *Archachatina sp*". Revue Mondiale de Zootechnie. 83, 1995/2, pp. 60-63.

62. Koudandé O.D., Ehouinsou M. & Dossou-Gbété G., 1998. Essai sur l'effet de la densité sur la production de biomasse d'escargots géants africains (*Archachatina marginata*) au Bénin. Tropicultura 1998-1999. 16-17 ; 127-129.
63. Koudandé O.D., Hountondji M.C.S. & Mensah G.A., 2006. Test de trois sources de calcium dans l'alimentation des achatines ou escargots géants africains (*Archachatina sp.*). Bul. Rec. Agr. Bénin, N°53 septembre 2006, pp. 18-21.
64. Krieg F., Guyomard R., Maisse G. & Chevassus B., 1988. Influence du substrat et du génotype sur la croissance et la survie au cours de la résorption vitelline chez la truite commune (*Salmo trutta* l.) Bull. Fr. Pêche Piscic. (1988) 311 :126-133
65. Larour G., Jobert J.L., Balaine L., Eono F, Klein M.F., Ledein T., Le Bouquin S. & Guittet M., 2004. Etude des facteurs de risque de l'expression aiguë de l'entérocolite épizootique du lapin en engraissement. Epidémiol. et santé anim., 2004, 45, 91-99.
66. Lhoste P., Dollé V., Rousseau J., & Soltner D., 1993. Manuel de zootechnie des régions chaudes : Les systèmes d'élevage, Collection Précis d'élevage, Ministère de la Coopération, France. 345 p.
67. Mazabrand A., 1986. Studies on the effects of dietary beryllium at two different calcium concentrations in *Achatina fulica* (Pulmonata). Comparative Biochemistry & Physiology, 83, 2, 435-438.
68. Mead A.R. 1950."Comparative genital anatomy of some African *Achatinidae* Bull. Mus. Comp. Zool. 105 : 219-291
69. Mead A.R., 1979. Anatomical studies in the african Achatinidae. A preliminary report. Malacologia, 18: 133-138
70. Mead A.R. & Kemmerer A.R., 1953, Amino acid content of dehydrated giant african snails (*Achatina fulica* Bowdich). Science, 117, 138-139.
71. Mensah G.A. & Alassane-Kpembi I., 1999. Influence de la mono-alimentation exclusive sur des performances des achatinées (*Archachatina marginata*) élevées dans des achatinières avec ou sans litière. Bull. Rech. Agro. du Bénin, N° 26: 22-36 p.
72. Monney K.A., 1987. Observations on the reproductive habits of *Archachatina marginata* (Swainson). Joint 13th Biennial Conference of West African Science Association (WASA) and the 15th Biennial Conference of the G.S.A., Legon (Ghana), 24-29 Aug 1987. GSA-WASA-CONF.-09BA. v. 3 pp. 247-254.
73. Nobime V., 2003. Elevage d'escargots géants au Bénin. Document multigraphié, 38 p.
74. Noumonvi C.G.R., 1999 : Influence de la densité de population sur les performances de croissance et de reproduction des escargots géants africains : *Archachatina marginata, Archachatina ventricosa et Achatina-Achatina achatina*. Mémoire de fin de formation pour l'obtention du DIT. Collège Polytechnique Universitaire, Université Nationale du Bénin. 80 p.
75. Otchoumou A., 1997. Etude de trois espèces d'escargots de forêts hygrophiles humides de l'est de la Côte d'Ivoire (*Achatina achatina* (Linné), *Achatina fulica* (Bowdich) et *Archachatina ventricosa* (Gould)): reproduction et croissance en milieu naturel et en élevage, Thèse de doctorat n° 247/97, Université de Cocody, 140 p.
76. Otchoumou A., Dosso H. & Fantodji A., 2003. Elevage comparatif d'escargots juvéniles *Achatina achatina* (Linné 1758), *Achatina fulica* (Bowdich 1820) et *Archachatina ventricosa* (Gould 1850): Influence de la densité animale sur la croissance, l'ingestion alimentaire et le taux de mortalité cumulée. Revue Africaine de Santé et Productions Animales 1(2): 146-151.
77. Otchoumou A., Dupont-Nivet M. & Dosso H., 2004. Les escargots comestibles de Côte d'Ivoire: effet de quelques plantes, d'aliments concentrés et de la teneur en calcium alimentaire sur la croissance d'*Archachatina ventricosa* (Gould 1850) en élevage hors sol en bâtiment. Tropicultura 22 (3) : 127-133.

78. Otchoumou A., Dupont-Nivet M. & DOSSO H., 2004. Les escargots comestibles de Côte d'Ivoire: Effets de quelques plantes, d'aliments concentrés et de la teneur en calcium alimentaire sur la croissance d'*Archachatina ventricosa* (Gould 1850) en élevage hors sol en bâtiment. Tropicultura 22(3): 127-133 p.
79. Otchoumou A., Dupont-Nivet M., N'Da K. & Dosso H., 2005. L'élevage des escargots comestibles Africains: Effets de la qualité du régime et du taux de calcium alimentaires sur les performances de reproduction d'*Achatina fulica* (Bowdich 1820). Livestock Research for Rural Development 17 (10) 2005. 10 p.
80. Otchoumou A., Zongo D. & Dosso H., 1991, Contribution à l'étude de l'escargot géant africain *Achatina achatina* (Linné). Annales d'Ecologie, Université Nationale de C.I., Tome XXI, 31-58.
81. Pereira C.D.R. & Breckenridge W.R., 1981. A histological study of the alimentary system of *Achatina fulica* with particular reference to glands in the tract. Ceylon J. Sci (Bio. Sci.), vol 14, N° 1 et 2, April 1981.
82. Pilsbry H.A & Becquaert J.C., 1927. The aquatie molluscs of the Belgian Congo. Bull. American Museum of Natural History vol LIII: 173-183.
83. Pilsbry H.A & Becquaert J.C., 1927. The aquatie molluscs of the Belgian Congo. Bull. American Museum of Natural History vol LIII: 173-183.
84. Pollard, E., 1975. Aspects of the ecology of *Helix pomatia*. J. Anim. Ecol., 44: 305-329.
85. Raut S.K. & Ghose K.C., 1980. Factors influencing gestation lenght in 2 lands snails *Achatina fulica* and Macrochlamys indica. Malacological Rev., 13: 33-36.
86. Raut S.K. & Ghose K.C., 1980. Factors influencing gestation lenght in 2 lands snails *Achatina fulica* and *Macrochlamys indica*. Malacological Rev., 13: 33-36.
87. Rousselet M., 1982. L'élevage des escargots. Editions du Point Vétérinaire. Maison Alfort Ed. 132 p.
88. Sodjinou E., Biaou G. & Codjia J.T.C., 2003. Commercialisation des escargots géants africains (achatines) dans les départements de l'Atlantique et du littoral au sud-Bénin. Annales des Sciences Agronomiques de la FSA/UAC. 12 p.
89. Stiévenart C. & Hardouin J., 1999. Manuel d'élevage des escargots géants Africains sous les tropiques. Centre Technique de coopération Agricole et rurale (CTA).Pays-Bas. 32 p.
90. Stiévenart C., 2000. Observations sur la bordure coquillière et la reproduction chez les escargots géants africains (*Archachatina marginata suturalis*; Philippi). Service de Production Animale Tropicale Institut de Médecine Tropicale Prince Léopold 155, Nationalestraat, B-2000 Anvers 1, Belgique. 12 p.
91. Struthers M., Rosair G., Buckman J. & Viney C., 2002, The physical and chemical microstructure of the Achatina fulica epiphragm. Journal of Molluscan Studies, 68, 2, 165-171.
92. Tattersfield P., Warui C. M., Seddon M. B. & Kiringe J. W., 2001. Land snail faunas of afromontane forests of Mont Kenya: ecology, diversity and distribution patterns. Journal of Biogeography 28(7): 843-861.
93. Tewe O.O. & Egbunike G.N., 1992. Utilization of cassava non ruminant livestock feeds. In proceedings of the IITA/ILCA/University of Ibadan Workshop on the Potential Utilization of Cassava as Livestock Feed in Africa. Hahn S. K., Reynolds L. and Egbuniké (EDITORS) 14-18 November 1988. Ibadan, Nigeria. pp. 28-38.
94. Thys H. & Vercruysse J., 1990. Est- il encore opportun de préconiser la vermifugation systématique des petits ruminants d'Afrique Sahélo Soudanienne contre les nématodes gastro-intestinaux ? Rev Méd. Vét. Pays Trop. 43(2) :187-191.
95. Upatham E.S., Maleeya K. & Viroon B., 1988. Cultivation of the giant African snail, *Achatina fulica*. Journal of Science Society of Thailand 14: 24-40.

96. Upatham E.S., Kruatrachue M. & Baidikul V., 1988, Cultivation of the giant african snail, *Achatina achatina*, Journal Scientifique Thaïlandais, 14, 25-40.13,
97. Vandiest P., Bolkaerts B., Raes M., Baricalla C., Leonard V., Delmotte C. & Kirschvink N., 2007. Les tannins condensés pour lutter contre le parasitisme gastro-intestinal des agneaux. Filière Ovine et Caprine n°19, janvier 2007. 4 p.
98. Vanessa G.& Michel F.J., 1999. Influence de la fréquence de distribution de sciure sur le comportement de bain de poussière chez les poules pondeuses. I.N.R.A Centre de Tours, Station de Recherches Avicoles - 37380 Nouzilly, France. 4 p.
99. Zongo D., 1994. L'élevage des escargots, une source insoupçonnée de protéines de hautes valeurs nutritionnelles. Fiche technique n° 2 ENSA/ LACENA, 5-9; une zootechnie nouvelle. In: AISA développement n° 4, 3-4.15
100. Zongo D., Coulibaly M., Diamba O.H. & Adjiri E., 1990. Note sur l'élevage de l'escargot géant africain (*Achatina achatina*). Nature et Faune, 6(2) 32-44.

Annexes

Annexe 1: Fiche de collecte des données sur la reproduction

Substrat :							
Mois :							
Semaine :							
Jours	Lundi	Mardi	Mercredi	Jeudi	Vendredi	Samedi	dimanche
Nombre d'œufs pondus							
Nombre d'œufs incubés							
Nombre de géniteurs morts							
Nombre d'œufs éclos							
Nombre de juvéniles obtenus							
Nombre de juvéniles morts							

Annexe 2 : Fiches de collecte de données sur la croissance des géniteurs

Num fiche: **Date: ……………………….**

Nom chercheur : **substrat…………………………..**

Date	loge	fourrage	Poids ration	Poids refus	Date	loge	fourrage	Poids ration	Poids refus

Loge
ID Date Poids (Kg) Longueur (cm) Observation